· 身边的鸟类观察

电线杆鸟类学

鸟儿为什么总喜欢待在电线杆上？

[日]三上修 · 著

佟凡 · 译

C⌒S K 湖南科学技术出版社 · 长沙

图书在版编目（ＣＩＰ）数据

电线杆鸟类学 /（日）三上修著；佟凡译. — 长沙：湖南科学技术出版社，2024.10. —（身边的鸟类观察）.ISBN 978-7-5710-3221-0

Ⅰ.Q959.7-49

中国国家版本馆 CIP 数据核字第 202473XT73 号

DENCHU CHORUI GAKU: SUZUME WA DOKO NI TOMATTERU?
by Osamu Mikami
© 2020 by Osamu Mikami
Originally published in 2020 by Iwanami Shoten, Publishers, Tokyo.
This simplified Chinese edition published in 2024
by Hunan Science & Technology Press Co., Ltd., Changsha
by arrangement with Iwanami Shoten, Publishers, Tokyo

著作权合同登记号：18-2024-147

DIANXIANGAN NIAOLEI XUE
电线杆鸟类学

著　　者：[日]三上修　　　　　译　　者：佟　凡
出 版 人：潘晓山　　　　　　　责任编辑：谷雨芹　谢俊木子
出版发行：湖南科学技术出版社
社　　址：长沙市芙蓉中路一段 416 号泊富国际金融中心
网　　址：http://www.hnstp.com
印　　刷：长沙市雅高彩印有限公司
　　　　　（印装质量问题请直接与本厂联系）
厂　　址：长沙市开福区中青路 1255 号　　邮　　编：410153
版　　次：2024 年 10 月第 1 版
印　　次：2024 年 10 月第 1 次印刷
开　　本：787 mm×1092 mm　1/32
印　　张：6
字　　数：104 千字
书　　号：ISBN 978-7-5710-3221-0
定　　价：40.00 元
（版权所有·翻印必究）

前 言

首先，虽然有些突然，但我必须要为本书的标题道歉。

"电线杆鸟类学"如字面意义所示，是"研究电线杆和鸟类之间关系的学科"。虽然我装模作样地说"如字面意义所示"，但实际上并没有这样的学科名，真正存在的是森林鸟类学以及湿地鸟类学，分别研究生活在森林及湿地区域的鸟类。

"电线杆鸟类学"是我擅自创造的词语，我认为和森林或者湿地鸟类学一样，研究利用电线杆（包括电线）生活的鸟类或许也能成为一门学科吧。如果你问我是不是真的能够建立这样一门学科，我并没有自信，但我觉得总会有办法的。至今为止，我一直在研究麻雀、乌鸦等生活在城市中的鸟类。在研究过程中，我发现鸟类和电线杆、电线的关系相当复杂。既然森林与鸟类的关系有研究价值，那么电线杆与鸟类的关系也有值得关注的价值。

虽然在现代社会中，鸟停在电线或者电线杆上的场景已经不足为奇，但鸟类第一次接触到电线杆和电线的时间并不算早。电线杆、电线诞生于19世纪中叶，不久后的明治时代[1]，日本才引进电线和电线杆。直到昭和时代[2]之后，电线才像现在这样遍布整座城市。现代的鸟类将人类150年前才建造的东西当成了日常落脚的地方。

让我们试着想一想，电线杆和电线在未来或许总有一天会埋入地下，从地面上消失。假设它们在50年之后消失，那么停在电线上的鸟儿在地球漫长的历史中也就几乎只存在了一瞬间，不过短短200年而已。我们与电线杆、电线和鸟儿一起生活的时间也因此变得珍贵了。一想到这里，我就觉得一定要多看一看停在电线杆和电线上的鸟儿。

说起来，电线杆和电线究竟是为什么而存在的呢？那根线究竟是什么？电线杆上有很多线，你能不能说清每一

1　明治时代：公元1868—1912年。
2　昭和时代：公元1926—1989年。

根都是做什么的呢？电线杆、电线本身就很有趣了，再和鸟类联系起来，那更不可能会无聊！

电线杆、电线是人类为方便自己创造出的东西。鸟儿们又按照自己的需要利用了它们，于是其中产生了难以言喻的奇妙关系。如果你能了解其中的有趣之处，一定会增加你的生活乐趣。

目 录

4　鸟，在电线杆上筑巢

5　与鸟儿对抗的电力公司

结 语 电线杆鸟类学的未来

电线杆和电线的
基础知识

　　本书要讲述的是电线杆、电线和鸟类的关系，那么首先，我们必须要知道什么是电线杆和电线。因此在这一章里，我们就要来明确一下电线杆和电线的基础知识。

电线——有线基础设施

首先，让我们从"电线"是什么开始吧。电线是传输电能的导线的总称。家里的电视和冰箱的线是电线，后文聚焦的"穿过城市上空，有鸟儿停靠的线"当然也是电线。

遍布整个城市的电线的正式名称是"架空线路"，这里的"架空"指的不是"想象中的，不存在于世界上的"，而是指"架在空中"的意思。因为本书将会聚焦架空线路，所以之后只要没有事先说明，文中所说的电线就是指架空线路。

遍布整个城市的架空线路的存在是有必要的，它们是给各个家庭提供生活保障的基础设施。

一般情况下，一栋房屋本身是不具备功能的，需要从外部接入各种各样的基础设施，人们才能在房子里过上现代化的生活。最基本的基础设施有电、天然气、水（上水道和下水道）。再加上电话、广播、电视、网络等，人们就能过上舒适的生活了。

这些基础设施连接每家每户的方法有三种：通过埋在地里的"铺设管道"送达，通过"无线（电波）"送达，以及通过"有线（电线）"送达（图1）。下面我将按顺序一一说明。

首先，通过"铺设管道"送入家庭的是天然气和水（包括上水道和下水道）。由于在人口密度低的地区铺设管道成本较高，所以天然气有时会采用液化天然气的形式送入各家各户。

接下来，可以通过无线（电波）送达信号的是电视机和收音机。每个地区的信号塔（发信点）发出信号，收音机内置的天线可以接收广播信号，屋顶上的电视天线则可以接收电视信号。

而通过有线（也就是"遍布整个城市的电线"）送入每个家庭的，有电、电话和网络。电话和网络同样在向无线化发展，有线固定电话在减少，无线的移动电话和智能

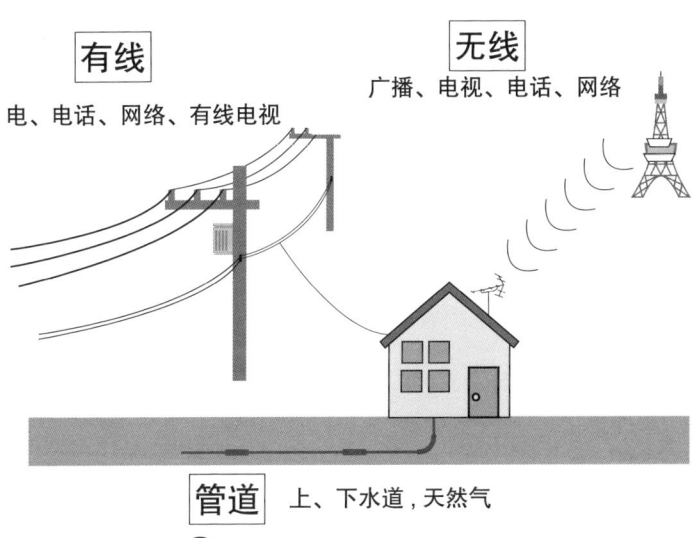

有线
电、电话、网络、有线电视

无线
广播、电视、电话、网络

管道 上、下水道，天然气

图1 送入家庭的三种基础设施概念图

手机已经普及。网络同样如此，联网的智能手机和移动路由器等无线设备已成为主流。不过因为有线会更加稳定，所以对于需要极高稳定性和速度的应用场景，有线网络仍是更好的选择。

另外，虽说"电视信号通过无线传输"，其实也有有线信号。无线电视（通过地面天线传播的信号）和卫星电视是无线传输，不过有线电视则如名称所示是有线的：在某个地点接收信号后，再通过有线的方式送入各家各户。如果使用无线传输，那么由于各种各样的原因，一个地区能够接收的频道数量有限，而有线电视则不受限制。因此，虽然需要增加使用的费用，却可以欣赏更多频道。

总之，基础设施中通过有线传输的有四种：电、电话、网络和有线电视，将它们送入各家各户的就是遍布整个城市的电线。更严谨地来说，四者中有一些会共用线路。比如电话和网络，有线电视和网络，等等。不过这种情况有些复杂，所以我之后会将它们假定为不同的线来说明。

每三个人一根电线杆

　　将这四种基础设施连接到各家各户时，如果四种不同类型的电线在整个城市里无秩序地穿行就麻烦了，于是电线杆担起了作为电线通路的作用。人们在路边安装电线杆，让电线沿着电线杆走。据说日本国内有超过 3300 万根电线杆[1]，按人口计算，大约每 3 个人就有一根电线杆。

　　电线还可以不出现在地面（架空），而是埋入地下，不过至少在现在的日本，将电线埋入地下的进展并不快，几乎所有电线都还在地面上。

电线为什么乱七八糟

请大家仔细观察附近的电线杆和电线。有一件奇怪的事是,多根电线会分布在不同的高度(图2)。如果把它们绑起来变成一束,就会规整很多,但事实上并没有这么做。这是为什么呢?因为绑在一起会带来漏电、信号干扰等问题,所以法律(准确来说是省令[1])细致地规定了电线的布置和高度。

比如《有线电通信设备令实施规则》第七条就是关于"架空线路高度"的规定条款。总的来说,该规则对电话线和网线等线路的高度布置进行了细致的规定。

第七条 本规则第八条中规定的,总务省令规定的架空线路高度必须遵守以下各条规定。

---

1 日本省令指的是由日本中央政府的各省根据法律的授权而制定的政令。它们通常用于具体实施法律的规定,或对法律的内容进行更详细的说明和补充。

图2 连接在电线杆之间的电线高度各异。如果能整理一下，应该会更规整

一 架空线路设置在道路上时，除了位于人行天桥上的情况之外，必须至少高出地面 5 米（在对交通干扰较少且施工上不得已的情况下，在人车分流道路的人行道上需要高出地面 2.5 米，其他道路上需要达到 4.5 米）。

二 当架空线路位于人行天桥上方时，需要高出路面 3 米以上。

三 当架空线路横穿铁路或者轨道时，需要高出轨道 6 米以上（如果不影响车辆行驶且高度低于 6 米，则以该高度为准）。

四 架空线路横穿河流时，需要达到不影响船只行驶的高度。

以上只是很小的一个例子，根据电线的种类、绝缘程度不同，电线的布置还有更加细致的规定。如果一一介绍就太繁琐了，所以接下来我会避开专业术语，不那么死板且使用具有代表性的数据进行简单的介绍。

电力线在上，通信线在下

前面提到的四种电线大致可以分为两类，通电的叫作"电力线"，通信（电话、网络、有线电视）的叫作"通信线"。

电力线有强电（高电压）通过，所以比较危险，按照规定需要布设在距离地面较高的位置，在车道上距离地面必须超过 6 米，在人行道上距离地面必须超过 5 米。另外，通信线比电力线安全，因此可以布设在较低的位置。在行车道上会需要避开车辆，所以距离地面必须超过 5 米，在人行道上则只需要超过 2.5 米（参考上文中的第七条第一款）。也就是说，当我们看到电线杆上的电线时就能明白，上面的是电力线，下面的是通信线。

位于上方的电力线在大多数情况下由三根线组成，相隔 50 厘米左右。也有两根或者四根线一组的情况，不过基本上为三根一组 [图 3（a）]。三根一组可以提高供电效率（想了解详情的读者请查询"三相交流"或者"三相三线制")。上段电力线基本上为三根一组水平排列，不过也可以采用三根电线纵向排列的形式[图3（b）]。

位于下方的通信线必须安装在电力线下方80厘米左右的位置，而且两根通信线之间需要相距30厘米，不过只要满足条件，也可以绑在一起。

图3　常见的三根一组的电线（电力线）。基本上为三根横向排列的形式，不过三根纵向排列也可以。（a）三根横向排列。（b）正好位于横向排列和纵向排列切换的位置，我看到这样的位置会觉得赚到了

架空地线以及变压器

综上所述，电线的基本构成是"上方三根电力线"加"下方三根通信线（可以绑在一起）"，但城市里实际存在的电线构成更加复杂。我没有办法一一介绍，不过让我们稍微深入地看一看。

首先，三根电力线的上方有时还会有"架空地线"（图4）。架空地线比电力线更细，所以很容易看漏。打雷时，电流优先流过架空地线，它承担着保护电线杆上的设备的职责。"架空地"这几个字听起来有点像佛教用语，其实并非如此。防雷的保护线叫作地线，再加上架在空中（架空），所以有了"架空"加上"地线"的名字。架空地线位于所有电线的最上方，承担着无名英雄的作用。

接下来，有时在"三根电力线"和"三根通信线"之间还有多根线通过，它们同样是电力线。如果一直沿着这

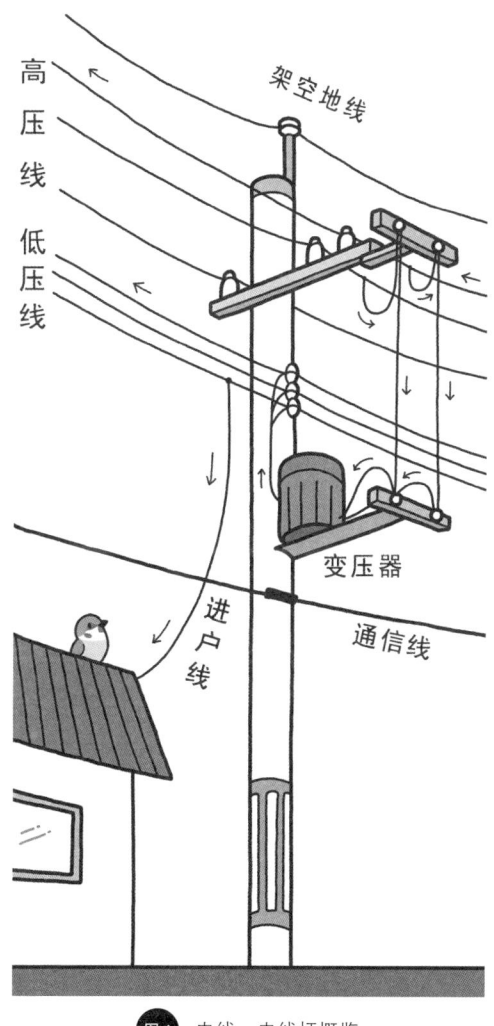

高
压
线

低
压
线

架空地线

变压器

进户线

通信线

图4 电线、电线杆概览

些电线前进，就能找到一个像塑料盒一样的东西。

这个像塑料盒一样的东西是变压器（图5）。顾名思义，它可以改变电压。三根一组的电力线上走的是 6600 V 的高压电流，而日本各家各户需要的电压是 100 V 或者 200 V。于是变压器就要将 6600 V 的电压降到 100 V 或者 200 V。也就是说，电力线分为三根一组的"高压线"和通过变压器降低电压后的"低压线"。

还有一条线从低压线引向各家各户，叫作"进户线"，是将电送往各家各户的线（图6）。进户线同样可以是"通信线"的一部分：如果顺着线能够找到变压器，那么它就是电力线的进户线；如果没有找到变压器，则是通信线的进户线。

根据变压器的大小和性能不同，每台对接 5~10 户人家，所以城市中有大量变压器。大家或许会想："能不能不要变压器，从一开始就用 100V 或者 200V 的低电压供电呢？"但是那样会造成电力大量损耗。用高压供电能减少电力损耗，所以城市里布满了高压线（三根一组，电压为

图5 变压器。根据大小不同，每台变压器对接 5~10 户人

图6 进户线。电线杆上将电送往家庭的线

6600 V），通过安装在各处的变压器降低电压，再通过低压线和进户线送入各家各户。

　　因为内容比较复杂，所以我们先做个小结。城市里的电线分为两种：三根一组的"电力线（高压线）"和三根"通信线"。地点不同会有些许差异，所以实际情况更复杂，基本上从上到下的顺序为防雷的"架空地线"，三根一组、6600 V 的"电力线（高压线）"，用变压器降低到 100 V 或者 200 V 的"电力线（低压线）"，三根"通信线"，后面两种线通过"进户线"连接到各家各户。

供电和配电——送入城市后再进行配电

　　大家或许会想，既然利用高压供电效率更高，用比6600 V[1]更高的电压不是更好吗？理论上确实如此，但高压同样伴随着危险，所以我们设计了一种装置，用这种装置将高压送到城外，然后在进城时将电压降低到6600 V（图7）。

　　只用普通电线杆并不足以安全运输高压电流，需要用更大更结实的电线杆代替。于是供电塔出现了（图8）。供电塔可以在距离地面很高的距离连接高压电力线，通过它们运输远高于6600 V的电压，以满足长距离或大容量电力传输的需求。

　　供电塔的一头是提供电力的发电站，另一头则连接着城市变电站。变电站会将电压降低到6600 V，输送到城里的电线杆（电力杆或者共用杆）上。总而言之，变电站就

---

1 日本常见电压等级包括1000 V、6600 V、20000 V、66000 V等。

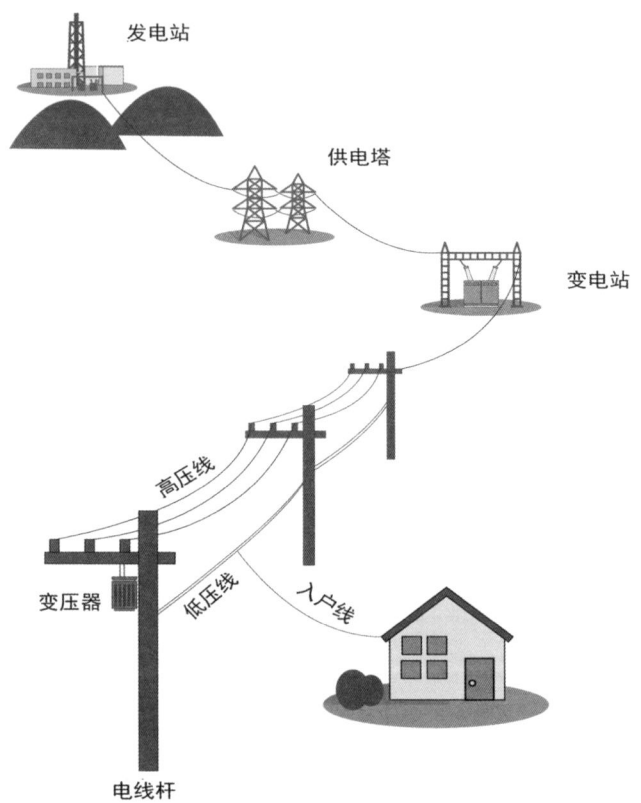

图7 从发电站将电力送入各家各户的概念图。从发电站到变电站是供
电，从变电站到各家各户是配电。从发电站到变电站使用的是电压
高达数万伏的高压电，所以使用了供电塔，电压在变电站下降到
6600 V，通过高压线给城市配电，再通过电线杆上的变压器降低到
100 V 或者 200 V，给各家各户配电。另外，虽然图中只画了一个
变电站，其实输送过程中的变电站会有好几个，可以分段降低电压

图8　巨大的供电塔，破坏了景观，却又构成了一幅画

是更大型的变压器（其实输送过程中的变电站有很多个，变电站也具备其他一些更重要的功能，在这里我只能忍痛割爱，不进一步说明了）。

　　还有一处细节，电从发电站送往变电站的过程叫作"供电"，所以就有"供电"塔；从变电站送往各家各户的过程叫作"配电"。也就是说，电力从"提供"变成了"分配"。在电力公司中，供电和配电也分属于不同的部门。本书将着重介绍与我们的生活更近的"配电"。

三种电线杆

就像电线有不同的种类一样，用来连接电线的电线杆也有不同的种类（图9），有电话线杆、电力杆和共用杆三种。

电话线杆　　　　电力杆　　　　共用杆

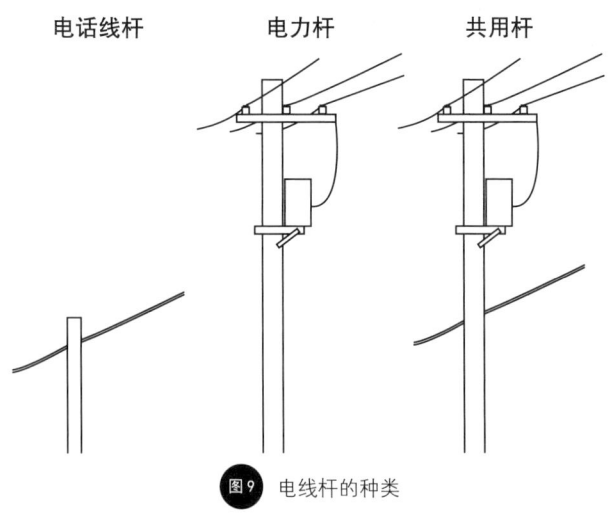

图9　电线杆的种类

上文中为大家介绍的电线杆是"共用杆"，这也是城市中最常见的一种电线杆，是电线和通信线"共用"的杆子。

既然有被叫作"共用"杆的电线杆，自然就有不共用的杆子，这就是电话线杆和电力杆。

电话线杆只连接通信线，电力杆只连接电线，由于两种杆子的作用不同，所以管理每一种电线杆的机构也不一样。电话线杆由日本电信电话株式会社（Nippon Telegraph and Telephone Corporation，简称 NTT）等通信公司管理，电力杆由电力公司管理，而共用杆则由双方共同管理。

一般情况下，三种电线杆不作区分，都叫作电线杆和电话线杆，麻烦的是，电话线杆又刚好是一种特定的电线杆的名称，这大概是因为日本在最初引入电线杆时，主要就是用来连接电话线（当时是送电报的线）的，所以将这类电线杆叫成电话线杆的叫法就普及并固定下来了。

在第七版《广辞苑》[1]的"电话线杆"条目中有以下解释："①用来支撑电话线的柱子，一般指电线杆。②嘲笑高个子的人的词汇。"①的解释尽管限定了是"支撑电话线的

1　《广辞苑》：日本国内权威的国语百科词典。

柱子"，却又添加了更加广义的说明"一般指电线杆"（顺便一提，近些年很少能见到②这种用法了，或许是因为现在个子高反而成了一项优点吧）。

三种电线杆在城市里很容易就能区分。

最准确的方法是看贴在电线杆上的"名牌"（图10）。电话线杆上有 NTT 的标志，下面还写着电线杆编号，相当于电线杆的身份证。同样的，电力杆上也有各地区电力公司的标志和电线杆编号，而共用杆上则同时带有两种信息。

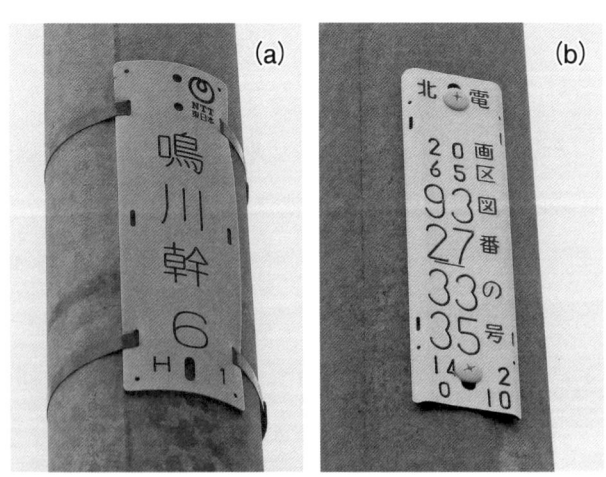

图10 电线杆的"名牌"。(a) 是电话线杆。(b) 是电力杆

　　在智能手机的应用软件中输入电线杆编号，就能在地图上找到对应的电线杆的位置。迷路时，找到附近的电线杆，再查找并输入电线杆的编号，就能立刻知道自己身在何处。电线杆真是有各种用处啊。

电话线杆并不高

除了"名牌"之外，还有其他方法也能区分三种电线杆。

有变压器的电线杆就是电力杆或者共用杆，而不会是电话线杆。不过反过来说却并不成立，因为也存在没有变压器的电力杆和共用杆。

另外，杆体低且细的是电话线杆。如前文所述，通电的线由于电压高很危险，所以必须高于车道 6 米，也必须高于人行道 5 米。因此连接电线的电力杆及共用杆需要满足一定的高度和直径。而电话线虽然要高于车道 5 米，不过在人行道上只需要高出 2.5 米就可以了。

既然电线杆有粗有细，在刑侦剧里跟踪犯人时，警察会需要藏身在粗一些的电线杆后面，那些电线杆应该是电力杆或者共用杆。当然，现实中的警察并不会躲在电线杆后面跟踪犯人，要是真的这么做了，也太显眼了吧？！

另外，有一首描写电线杆柱的都都逸[1]是这样写的："天空那么蓝，电话线杆那么高，邮筒那么红，都是我不好。"因为电力杆比电话线杆更高，所以或许诗里的"电话线杆"应该换成"电力杆"或者"共用杆"才更贴切。

看多了之后，你就能立刻分辨出城市里的三种电线杆。不过要是你在朋友说"这是电话线杆"的时候一脸得意地纠正说"不对，那不是电话线杆，而是电力杆"的话，朋友可能会不明究竟，所以最好不要说出口，而是默默把这话藏在心里吧。

---

1 都都逸：一种日本特有的文体，大约产生在日本文政末年到天保初年（19 世纪 20 至 30 年代）的时候，内容往往是比较通俗的诗歌。

横担和绝缘子

　　像前文提到的变压器一样，电线杆和电线上有很多和电力相关的附件。尽管我想把这些一股脑地介绍给大家，不过还是让我们把注意力集中在最为常见的"横担"和"绝缘子"上吧。

　　几乎所有电力杆和共用杆都有横担，如果大家在脑海中描绘电线杆的简笔画，杆柱那一笔的上方应该会有和地面平行的横线吧，那就是横担（图 11）。横担的横截面是方形的，为了减轻整体重量做成了中空的、呈方形的铁管。横担是电线杆鸟类学的一大重要因素，所以请大家一定要记住。横担上装有绝缘子，电线从绝缘子上通过。绝缘子的材质和饭碗一样，是瓷器（陶瓷），因为不易导电，所以能起到让电线和横担之间绝缘的作用。绝缘是为了避免电线和电线杆直接接触时，电流从电线漏到地面上。另外，通信线不会漏电，所以是可以直接接触电线杆的，因此通信线和电线杆的接触点上没有使用绝缘子。

图11 横担和绝缘子。电线通过横担上的绝缘子与电线杆绝缘，但是电线和电线杆的关系并不差

　　绝缘子有各种类型，世界上应该有不少绝缘子的粉丝。我个人认为球面形绝缘子尤其可爱（图12），球面形绝缘子被用来连接两根"支线电缆"（详见后文），并且让它们彼此绝缘。

图12 可爱的球面型绝缘子，形状巧妙，可以在保证没有
电流通过的两根支线绝缘的同时将它们连接起来

虽然想告诉别人，
但最好不要说出口的电线杆小知识

　　以上就是研究电线杆鸟类学必不可少的，关于电线杆和电线的基本知识，接下来，我再为大家补充介绍一些其他的有趣知识。

　　首先是电线杆的长度和形状。

　　法律规定电线杆全长的六分之一需要埋入地下。也就是说，如果地面能看到的部分有 10 米，那么就有 2 米要埋入地下。

　　另外，电线杆并不是上下一样粗的，而是越往上越细。举例来说，如果地面上的高度是 10 米，杆体到一个人胸部那么高的部分的直径是 30 厘米左右的话，杆体顶端的直径就不到 20 厘米。这种上端变细的结构在英语中叫作 taper（表示逐渐变细的部分）。

希腊的帕特农神庙和日本的法隆寺 [1] 里的一部分柱子都是下粗上细的形状，这样看起来更加稳定，也更巨大。当然，电线杆并不追求那样的视觉效果，它的下半部分受力更多，所以上细下粗的形状比上下一样粗的形状更能减轻整体的重量（尽管如此，如前文所述，一根电线杆依然有近 1 吨重）。而且将上半部分做得细一点，可以减少电线杆在风中的受力面积，从而减轻电线杆的负担。另外，电线杆上需要增加各种零件时，也会采用饮料瓶形状的电线杆，下半部分加粗的结构还具备防止零件滑落的优点。

接下来要介绍的是支撑电线杆的物体。

有些位置的电线杆要承受来自某个方向的力，比如海边的电线杆就要直面从海上吹来的强风。于是电线杆要承受风压，在风中摇晃的电线也会受到拉扯，电线杆容易朝下风向倒下。在这样的位置上，需要在电线杆的下风向一侧斜着安装支撑物，从背风的一侧支撑杆身 [图 13（a）]，

1　法隆寺：位于日本奈良生驹郡斑鸠町，是圣德太子于日本飞鸟时代（公元 592—710 年）建造的佛教木结构寺庙。

这些支撑物叫作支架。

在道路的转弯处也能看到同样的支架，请想象路左边有一排电线杆，道路向左转弯，位于转弯处的电线杆会被电线不断向弯道内侧（道路左边）拉扯，这种情况下同样需要安装支架来支撑。如果不方便用支架，还可以从反方向用钢丝绳拉住 [图 13（b）]，这种线叫作"斜拉固定线"。

用作斜拉固定线的只是单纯的线，里面没有电流流过，因此触碰它们是安全的（我可不为后果负责）。为了确保绝缘，上面也会安装绝缘子。因为斜拉固定线很细，如果不作任何处理，行人和车辆可能会撞到，所以为了使其更加醒目，会用黄色或者黑黄相间的条纹套筒将它包裹起来，这就是斜拉固定线保护套。

还有一种电线杆是用来拉住其他电线杆的，作用和斜拉固定线一样。如图 14 所示，大家有没有见过这种旁边没有房屋，不知道是做什么用的，孤零零插在田地里的一根电线杆？

原因很简单。虽然图 14 中看不到左侧的电线杆，其实左侧的电线杆与更靠左的电线杆通过电线相连受到了拉力，所以为了在另一边保持平衡，就如图所示在田地里立了一根电线杆，用来从另一边拉住它。大家或许会担心田里松软的泥土不稳定，其实土里埋进了像锚一样用来固定的装置，所以不用担心。

如果有人问我最喜欢哪种电线杆（从来没有人问过我这个问题，之后应该也不会有人问），我不得不说就是立在田地里默默发挥作用的电线杆。

图13　支架和斜拉固定线。（a）电线杆前方没有电线，所以这根电线杆容易经常受到向后（照片中靠近读者的方向）拉扯的力。所以要用支架支撑。（b）斜拉固定线及其保护套。和（a）相反，（b）中的电线杆由于后方（照片中靠近读者的方向）没有电线，因此容易受到向前方拉扯的力。为了保持平衡，在电线杆（照片中靠近读者的方向）安装了斜拉固定线（中间有球面型绝缘子用来绝缘）。另外，斜拉固定线如果不作任何处理，就会因为太细不容易看到而发生危险，所以增加了黄黑色条纹的斜拉固定线保护套

图14 用来拉住左侧电线杆（照片上看不见）的电线杆

专栏 电线杆与日常、非日常

电线杆和电线是配电设备，供电塔和供电线是供电设备，它们也会出现在小说、电视剧、动画片和绘画等作品中。

当画面中出现电线杆和电线时，人们就会联想到（日本的）日常生活场景。古装剧里当然不会出现电线杆。光是电线杆的存在就足以让人感知到画面的背景设定在现代日本。

如果利用这种"日常感"，让电线杆在虚构的故事中登场，就会反过来增加故事的真实感。举一个比较老的例子，在荒俣宏先生编剧的电影作品《帝都大战》的海报里，岛田久作饰演的魔人加藤站在电线杆的顶端。不真实世界中的人物站在我们司空见惯的电线杆上，让场景变得格外有冲击力。

　　《龙猫》里的猫咪巴士就行驶在供电线上，或许正是因为它行驶在我们平时能看见的风景中，才让观众产生了沉浸感吧。看到供电线时，想到"说不定肉眼看不见的猫咪巴士正在上面行驶"，我就觉得好开心。除此之外，《潮与虎》中的妖怪"虎"也有站在电线杆上的场景，《JOJO 的奇妙冒险第四部 不灭钻石》里也出现了生活在废弃供电塔里的"替身使者"（类似于特殊能力者）。

　　说到电线，就不能不提奥特曼系列，比如《奥特曼》《赛文奥特曼》《杰克奥特曼》等。在这些作品中，奥特曼频频以供电线或者配电线为背景，与怪兽和超兽战斗。既能展现出现实感，也衬托出了它们巨大的尺寸，而背后的夕阳又能让观众感受到美感。

　　著名导演庵野秀明的作品中也常常出现电线杆和电线，比如动画版《新世纪福音战士》和电影《新哥斯拉》。在《新世纪福音战士》中，在主人公碇真嗣初次登场的场景中，外敌（还是内敌？）使徒出现时，轰炸除了让空气震动之外，也让电线震动。在这部作品的世界中，城市常常成为战场，因此尽管城市里的大楼在战时会整体降到地下，不过恢复安全后，大楼又会和电线杆一起从地面上生长出来。在 2021 年上映的《新·福音战士剧场版：终》中也出现了电线杆。顺带一提，尽管标题最后一个字的读音没有公布，不过在我眼里，那就是电线杆和两根横担的横截面图。在《新哥斯拉》中，哥斯拉的步伐让大地和空气震动时，画面中也利用了电线杆和电线，制造出了出色的效果。

绘画作品中不常出现电线杆和电线。也许是因为和绘画的漫长历史相比，电线杆和电线的存在时间尚短。虽然偶尔会出现，不过总是带着一丝阴暗的色彩，这种处理或许表现了一种对于工业化的反抗。

不过活跃在大正、昭和时代[1]的版画家川濑巴水的作品中出现的电线杆却传达出一种温暖的感觉。北斋和广重笔下的是江户时代[2]的风景，而巴水画的则是大正、

1　大正、昭和时代：公元 1912—1989 年。
2　江户时代：公元 1603—1867 年。

昭和时代的城市和风景，因此画中会出现电线杆。这些画中的电线杆能让人感受到朴素而温暖的市井生活（图15）。

说到绘画作品中的电线杆和电线，就不能不提到会田诚的《电线杆、乌鸦、其他》。这幅作品是在致敬长谷川等伯的水墨画《松林图屏风》。《松林图屏风》画的是雾气中若隐若现的松树，而在《电线杆、乌鸦、其他》中，电线杆代替了松树树干，乌鸦和变压器代替了松树的叶子。请大家务必去看一看，绝对会受到不小的冲击。

图15 川濑巴水《东京十二题》中的 "木材场黄昏"

2

鸟，停在电线上

既然我们已经大致了解电线杆和电线的知识了，现在就来看看它们和鸟类的关系吧！

如今，鸟类停在电线杆和电线上是日常生活中随处可见的风景（图 16）。但正如我在前言中提到的那样，这幅风景是最近才出现的。尽管有一些争议存在，但鸟类的历史大约始于 1 亿年前。

而电线杆和电线则是人类的通信技术之一。

人类的通信技术从灯火、狼烟、信鸽等开始[1]（顺带一提，信鸽的历史十分悠久，人类大约从公元前 3000 年就开始使用信鸽了[2]）。虽然通信技术不断被改良，不过直到 19 世纪上半叶，人类才开始开发沿用至今的"有线通信技术"。

---

1 星名定雄（2006）情報と通信の文化史. 法政大学出版局.

2 山階鳥類研究所（1979）ドバト害防除に関する基層の研究. 山階鳥類研究所.

图16 停在电线上的鸟儿们。由于电线的粗细和鸟爪的形状不同，鸟儿的停留方法各不相同。有的鸟只是站在电线上，也有的鸟用爪子牢牢抓住电线。鸟的种类也决定了它们停留的姿势，观鸟者们只凭剪影就能大致看出鸟的种类。（a）麻雀。（b）灰喜鹊。（c）伯劳。（d）灰鹡鸰。（e）燕子。（f）金翅雀。（g）大嘴乌鸦。（h）大白鹭。（i）金腰燕。（j）山斑鸠（三上洁供图）

后来，这项技术因其便利性而得以快速发展，到了 19 世纪中期，美国开始完善电报网。大概就是从那时开始，电线出现在室外的空中，鸟与电线实现了初次邂逅。不知道第一只鼓起勇气停在那根细线上的是什么样的鸟呢？后来到了 1875 年，美国人亚历山大·格雷厄姆·贝尔发明了电话，随着电话的逐渐普及，人类进入了用线输送电力的时代，架设在空中的电线越来越多，对鸟儿们来说，电线的存在变成了家常便饭。

让我们把目光转向日本，东京与横滨之间的电报服务始于 1870 年。就像我在第一章中说到的那样，当时的电线杆就相当于电话线杆。电话线之后才出现了电力线。电、电灯进入东京各家各户的时间在 1920 年前后，不过当时还只有电灯，人们并不能用安装在墙上的插座轻松用电。

二战后，日本开始了大规模的电力开发（建设发电站），充足的电力被送入千家万户。我小时候（20 世纪 70 年代后期），位于岛根县松江市的家里已经正常通电。但我父亲的老家在鸟取县的大山深处，当时还在用柴火烧热水。在那么偏僻的山里，就算通了电也只有昏暗的电灯，又过了挺长一段时间才装上了插座。到了小学高年级，我终于在父亲的老家看到了电饭锅，当时还吃了一惊。40 年前的日本依然存在电力如此缺乏的地区。而如今，日本进入了几乎所有家庭都能自由用电、自由通信的幸福时代。

停在电线上的鸟儿们

19 世纪中期，架空线路登场，这时距离鸟类与电线相遇已经过去了约 170 年。然而，并不是世界上的所有鸟都会停在电线上，事实上，停在电线上的鸟也许是少数。在日本，有多少种鸟会停在电线上呢？

全世界大约有 1 万种鸟，日本大约有 700 种。在这 700 种鸟中，有一些品种在日本国内只被看见过几次而已。因为鸟会飞，所以会出现原本生活在欧洲的鸟类迷路来到了日本的情况；此外，在这 700 种鸟中，还包括只生活在日本国内某个特定孤岛上的品种。因此在一个地区（比如一个县[1]）能看到的鸟最多不过 200 种。

这 200 种左右的鸟并不是都会停在电线上，日本野鸟

---

1 日本行政区划分为 1 都（东京都）、1 道（北海道）、2 府（大阪府、京都府）和 43 县。

协会的会报杂志曾经做过停在电线上的鸟类的调查[1]，结果一共观察到 133 种鸟。这个观察结果来自全国各地，所以同样包含刚才提到的，一些只生活在特定地区的品种。另外，调查中应该也包括停留在比我们平时常见的电线更粗的电线上的情况。如果将范围限定为停在城市中普通电线上的鸟，恐怕不超过 50 种。——观察这 50 种鸟，里面既有像麻雀、乌鸦之类频繁停在电线上的种类，也包含只会偶尔停留的种类。

---

1 樋口行雄（1978）野鳥 384:488-491.

决定鸟是否停在电线上的因素

为什么有的鸟会停在电线上，有的鸟不会停在电线上呢？需要考虑三个因素：①栖息地是否有电线；②是否能停在电线上；③鸟类是否愿意停在电线上。

首先让我们来看看第一个因素。有些鸟的栖息范围里并没有电线，比如生活在远离人烟的大山深处和海上的鸟。对于这些鸟来说，新奇的电线或许是需要警惕的对象。

接下来是第二个因素。有的鸟尽管栖息范围内有电线，但爪子的构造可能也会让它们无法停在电线上。鸟的爪子由四根脚趾组成，但不同品种的爪子形状不同，比如鸭科的鸟类前三根脚趾之间有用来划水的蹼（图 17）。而啄木鸟科的鸟类的爪子呈 X 形，前后各有两根脚趾，垂直落在树上的时候能紧紧抓住树干。除此之外，鸟的爪子还有各种各样不同的形状，以适应它们各自生活的环境。鸭子的脚可以"驾驭"直径 10 厘米左右的粗电缆，却不能"栖息"在城市里细细的电线上。

虽说如此，但只凭爪子形状进行推测同样是不可靠的。鸬鹚就有着和鸭子形状相似的爪子。因为它们能在水中游泳捕获香鱼，可见爪子上有蹼。这样的爪子看起来很难停在电线上，但其实属于鸬鹚科的普通鸬鹚就能停在电线上（图 18）。这可能是因为普通鸬鹚生活在内陆河流和湖泊边，它们在树上筑巢，因此擅长停在细细的东西上。

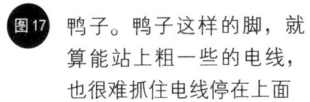

图17 鸭子。鸭子这样的脚，就算能站上粗一些的电线，也很难抓住电线停在上面

图18 普通鸬鹚。爪子的形状与鸭子相似，却能牢牢停在电线上（三上洁供图）

最后，就算栖息地里有电线，爪子的形状也可以停在

电线上，有些鸟也很少会停在电线上，这是因为鸟的种类不同，即第三个因素"是否想停在电线上"的意愿不同。

比如三道眉就有站在树梢等显眼的地方鸣叫的习性。事实上，在听到三道眉的叫声后，只要朝着声音传来的方向在树梢上寻找，基本就能看到它们。因为有这样的习性，三道眉自然也会经常停在电线上啼鸣。

而以悦耳的鸣叫声著称的日本树莺却往往会藏在树丛中，很少出现在显眼的位置。我在观鸟时，哪怕听到了日本树莺的叫声，也只能放弃寻找它们的身影，只欣赏它的叫声。如果无论如何都想看到它们，就必须盯着树丛打一场持久战。这种鸟当然很少选择停在电线上。图 19 是一张日本树莺停在电线上的珍贵照片。

图19 在电线上啼鸣的黄莺。因为它们很少出现在显眼的地方，所以这幅景象难得一见。顺带一提，拍摄停在电线上的鸟儿时，容易形成仰视的逆光视角，所以拍摄难度较大（三上洁供图）

经常停在电线上的十种鸟

那么，城市中经常停在电线上的究竟是些什么鸟呢？

从 2019 年到 2020 年间，我委托日本国内的 6 所大学（从北到南分别是东北大学、东邦大学、岐阜大学、山口大学、爱媛大学、九州大学）的野鸟小组进行了一项调查。我请他们在各所大学周围固定的范围内行走一定的距离，如果看到有鸟停在电线上，就记录下它们的品种和数量。将数据总结起来，就得到了表 1 中排名前十位的鸟。繁殖期（春天到夏天，多种鸟类育雏的时期）和越冬期（12 月到次年 2 月，不育雏的时期）一个有候鸟一个没有候鸟，所以能看到的品种不同。

表1 经常停在电线上的十种鸟

顺序	繁殖期	越冬期
1	麻雀	麻雀
2	灰椋鸟	灰椋鸟
3	燕子	大嘴乌鸦
4	小嘴乌鸦	小嘴乌鸦
5	山斑鸠	栗耳短脚鹎
6	大嘴乌鸦	白鹡鸰
7	家鸽	斑鸫
8	栗耳短脚鹎	斑鸠
9	白鹡鸰	家鸽
10	金翅雀	北红尾鸲

可以看出无论是繁殖期还是越冬期，都经常能看到麻雀停在电线上。而且无论在哪个时期，都有两种乌鸦和两种鸽子（山斑鸠和家鸽）。它们都是城市中常见的鸟类，可以说是理所当然的结果。

只在繁殖期出现的是燕子，因为受到了季节差异的影响：春天，燕子会从南国飞到日本，繁殖后在秋天返回。燕子在日本的时候，我们常常能在城市里看到它们停在电线上的样子。初夏时节，还能看到刚刚离巢，还不太会飞的雏燕站在电线上等待父母喂食的场景（图20）。

　　另一方面，只能在越冬期看到的鸟类是斑鸫和北红尾鸲，到了秋天，它们会从大陆南下，并且会在春天时北上。斑鸫暂且不提，或许大家也没有听说过北红尾鸲的名字。它们是秋冬季节来到日本的可爱的鸟类（图21，日本有部分地区一年四季都能看到它们）。它们会在自己的地盘里巡逻，在显眼的地方啼鸣，啼鸣时也经常会停在电线上。

　　这份调查结果只能反映"经常能看到这些鸟停在电线上"，并不表示"它们从城市中各种各样的地点里特意选择了电线停留"。城市中有很多鸟都会停在电线上，所以无论它们是否喜欢电线，排名都会靠前。虽说如此，我感觉麻雀和乌鸦等习惯了城市环境的鸟类确实会更积极地选择电线作为停留地点。

图20 给刚离巢的雏鸟喂食的老鸟，雏鸟探头探脑地停在电线上等待，老鸟刚叨着食物飞回来，雏鸟就叫着乞求食物。老鸟飞在空中喂食雏鸟，然后去寻找下一顿食物，简直像在耍杂技！

图21 北红尾鸲。在我目前居住的函馆，北红尾鸲只会在秋天停留一两天就立刻南下，所以请大家原谅我手里没有北红尾鸲停在电线上的照片（三上洁供图）

两种乌鸦

　　刚才我简单提到了"两种乌鸦"，如表 1 所示，日本的城市里确实有两种乌鸦，分别是"大嘴乌鸦"和"小嘴乌鸦"。电线杆鸟类学需要区分这两种乌鸦，所以我来简单介绍一下它们的区别。

　　两种乌鸦的外形很相似。正因为如此，我们平时会将它们统称为"乌鸦"，不过它们还是有各种可以区分的点。

　　如名称所示，两种乌鸦最大的差别在于喙的粗细。鸟喙较细的是小嘴乌鸦，鸟喙较粗的是大嘴乌鸦（图 22）。

　　它们的叫声也有区别，小嘴乌鸦的叫声沙哑，大嘴乌鸦的叫声清亮。电视剧和动画中经常出现的，夕阳下响起的清亮叫声都是大嘴乌鸦的叫声。

　　可以看出，它们惯常停留的空间高度也不一样。小嘴乌鸦要挖土找食物，所以会长时间停留在地面上；而大嘴

小嘴乌鸦

嘎！

大嘴乌鸦

咔！

图22 两种乌鸦，有许多不同之处

乌鸦则喜欢高处，只有在地上寻找食物时会降落，马上又会回到高处。

两种乌鸦的栖息地同样有所区别。小嘴乌鸦喜欢生活在树木稀疏的草原、耕地和城里的郊区等开阔的地方，大嘴乌鸦则喜欢拥挤的环境，倾向于选择森林和大楼林立的市中心。

停在上面？停在下面？还是……

现在我们知道了经常停在电线上的鸟的种类。那么鸟儿会停在电线的"什么位置"呢？正如我们在第1章中看到的那样，电线被分为电力线和电话线，高度也不一样。那么鸟儿有没有偏好的电线种类或者高度呢？

在上文提到的全国调查中，我也请野鸟小组调查了这个问题。我们首先将电线笼统地分成"最上方""最下方""除此之外的中间"三种，请调查人员记录鸟儿们停在了哪种电线上。其实如果能知道它们是停在电力线还是电话线上，并记录下是中间的第几根线上的话是最好的，但是由于要调查的是活泼好动的鸟类，而且要拜托大量调查员收集信息，还是用简单的分类更容易收集到可信的记录。

关于城市里经常能看到的麻雀和两种乌鸦，我们记录下来的结果如图23所示。

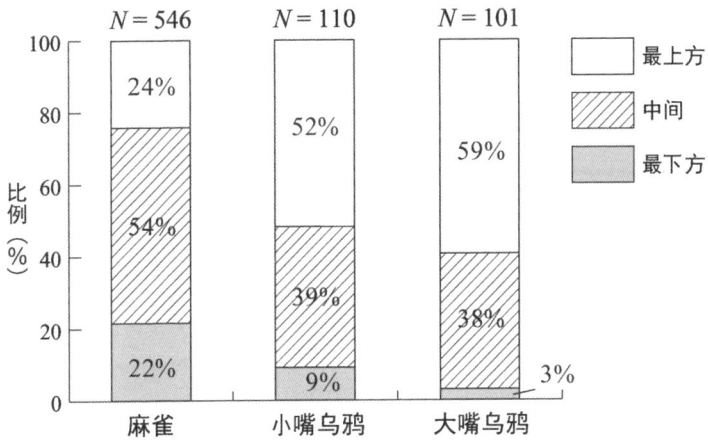

图23 麻雀和两种乌鸦中，停在最上方、中间、最下方电线上的个体比例，只选取了有三根以上电线时的数据。N 为个体总数

从结果可以看出，麻雀出现在最上方到最下方的次数比较平均，虽然使用中间的次数看似更多，不过由于中间有多根电线，所以就算麻雀不加选择地随机停留，也会更多地停在中段。

另一方面，两种乌鸦的结果和麻雀大相径庭。两种乌鸦都有超过一半的比例停在了最上方，而几乎不会停在最下方的电线上。虽然它们也会停在中间，不过比例只有三分之一左右，根据上文的解释，可以看出这个区域的使用程度较低。如果两种乌鸦的调查结果能看出差异的话会很有趣，遗憾的是在这种精确度较低的调查中没有显示出差异。不过从其他调查中可以看出，大嘴乌鸦比小嘴乌鸦更喜欢利用较高的地点，因此如果做更详细的调查，也许会出现差异。

另外，这些差异也可能不是"高度"造成的，而是由于电线种类，比如是电力线还是电话线，或者电线"粗细和形状"的区别。因为电线的种类决定了它们的高度，所以很难判断究竟是种类还是高度对鸟儿的选择造成了影响，不过目前，根据我进行的另一项调查结果显示，造成差异的也许并非电线的种类，而是高度本身。

中间派？两端派？

接下来，当我们从水平方向观察电线时，是否存在鸟儿更容易停留的地点呢？电线被两边的电线杆夹在中间，越靠中间弧度越大。那么鸟儿是更喜欢停在电线中间，还是更喜欢停在电线两端呢？可以试着想象我们自己吊在电线下方的情况，感觉中间的部分因为更接近水平，所以会更稳定，不过或许摇晃的幅度也比两端更大。

我同样请野鸟小组就此进行了调查。让那么多人记录"你看到的鸟停在距离电线杆几米远的位置"并不现实，所以我请他们根据目测将两根电线杆之间的距离进行三等分，记录鸟儿是停在中间，还是停在两端（图24）。假如鸟儿没有有意识地选择电线的特定水平位置停留，那么停在两端和中间的记录结果应该会达到2∶1的比例。

在对麻雀的调查结果中，停在"中间"的比例比预期的更高。也就是说，麻雀倾向于停在距离两根电线杆较远的中间位置。

而两种乌鸦则与麻雀相反，停在"两端"的比例高于预期，由此可知它们倾向于停在距离两根电线杆更近的位置。

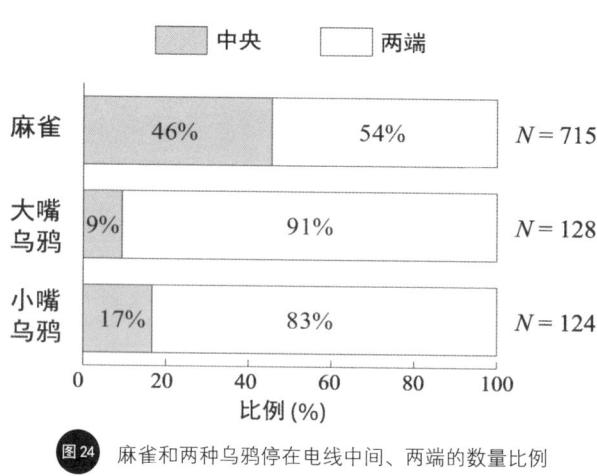

图24 麻雀和两种乌鸦停在电线中间、两端的数量比例

麻雀停在中间，乌鸦停在上方的边缘

总结麻雀和乌鸦停在电线上的位置可以看出，麻雀不会特意选择高度，倾向于停在离电线杆较远的中间位置，乌鸦倾向于停在最上方的电线中距离电线杆较近的位置（图25）。很遗憾，我们并不知道为什么会出现这种区别，因为现阶段只能看到差异，不过我们可以做出以下推测：

麻雀不挑电线高度的原因在于它们本来就会在城市中利用各种高度的空间。麻雀经常落到地面上觅食，还会在树丛等地方活动。而在宽敞的区域活动时，它们则会利用屋顶进行移动。它们大概经常把高度合适的电线作为落脚点，所以我们观察到了它们无差别使用不同高度的电线的结果。

另外，比起电线两端，麻雀更多会选择电线中间，或许是因为中间的视野更好。麻雀这种小型鸟类，始终身处

图25 停在靠近电线杆一侧最上方电线上的乌鸦确实很多

被袭击的危险之中。如果停在电线两端，就会出现电线杆
造成的视觉死角，它们或许是在避免这一点。

　　而乌鸦停在高处的原因应该是由于乌鸦总体来说会生
活在城市里的高处。乌鸦的体形较大，所以需要更多食物，
需要在更大的范围里活动。并且它们倾向于和人类保持距
离，巢也会筑在距离地面超过 10 米的地方。因此在选择电

线作为落脚处时，同样会选择更高的位置。

乌鸦停在电线两端的原因大概有这么两点。首先，对于体形较大的乌鸦来说，停在电线中间，身体的重量容易让电线晃动。其次，为了看得更远，站在电线两端更方便一些。很多电线杆立在十字路口，或许乌鸦会为了看到两边的道路，主动停在距离电线杆更近的位置，这个现象也反映在了调查结果中。

另外，或许与其他个体的关系同样会影响鸟儿停留的高度。麻雀和乌鸦都会成群结队活动，但群体质量差异较大。麻雀群体更团结，行动时服从管理。而乌鸦虽然会形成群体，却有一种彼此间不信任的感觉，正所谓"乌合之众"是也。因此乌鸦也许不喜欢看到别的乌鸦站在比自己更高的地方，所以会抢先占据最高处。

虽然写了这么多，但我感觉这段说明也多少有些牵强。现阶段，我好不容易找到了鸟类在电线上的停留方式，希望大家给我更多的时间详细地寻找和分析原因。

停在电线上这回事

我们逐渐发现了麻雀和乌鸦停在电线上的方式遵循着某种规则。那么鸟儿们究竟为什么要停在电线上呢？

当然，鸟儿不可能一直在空中飞行，所以需要栖木，显然，这就是它们利用电线的原因。但它们是因为"那里正好有电线"才停下的呢？还是由于"正因为那是电线"才停下的呢？于是我想看一看城市中的鸟儿会在什么样的情况下停在电线上。

站在鸟儿的立场上思考，站在电线上视野应该更开阔。可以看到四面八方，而且因为脚底下只有一根线，所以与站在树枝那样粗壮的物体上相比会看得更清楚。或许自然界中视野如此开阔的栖木也并不多见。

有些鸟就是为了拥有开阔的视野，在确认安全后才停在电线上的。比如麻雀和白鹡鸰等在城市里繁殖后代的鸟，在往鸟巢里运食物的时候，会在距离鸟巢 10 米左右的电线上停一会儿，观察周围的情况后再回到巢中（图 26），这应该是为了确定鸟巢旁边是否安全。

视野开阔，自然也意味着位置显眼，恐怕也有些鸟类利用这一点，特意站在电线上啼鸣。城市里有一种和麻雀大小相仿的鸟叫作大山雀，就常常站在电线上啼鸣。这样声音能传到很远的地方，鸟儿还能展现自己的身姿。

也许有读者会担心，站在那么显眼的地方，不是会有被天敌攻击的危险吗？确实有这种可能性，不过在城市里，会袭击小鸟的鹰类并不常见。而且对于老鹰来说，袭击停在电线上的小鸟应该是一件危险的事。老鹰在森林中袭击小鸟的时候，会收起翅膀灵活地从树枝等障碍物中间穿过，就算叶子和细枝碰到身体也没关系，因为叶子和细枝有弹性，是安全的。可是电线就不一样了，翅膀只是掠过电线就有可能被折断，弄不好还会因此丢了性命。

实际上，老鹰在袭击停在电线上的小鸟时，往往会在周围盘旋威胁，然后追赶飞起来逃走的小鸟。看来直接袭击停在电线上的小鸟确实是一件危险的事情。虽然小鸟不飞起来反而更安全，但它们会不由自主地逃走，就像我们人类也会在看恐怖电影的时候被吓到，哪怕知道都是虚构的也一样。在老鹰逼近眼前的时候飞走，或许可以说是跟人性类似的"鸟性"吧。

另一方面，老鹰也会利用电线或者电线杆作为捕猎时的岗哨。尤其是在农田里，属于鹰科的鵟、红隼会停在电线或者电线杆上寻找下方的老鼠，找到后迅速俯冲捕猎（图27）。

图26 嘴里塞满了虫子的白鹡鸰。它正停在电线上观察情况, 如果安全就把食物带回鸟巢

图27 在冬天来到农田里, 常常能看到鵟、红隼停在电线杆上。照片中是红隼, 对于捕猎者来说, 电线杆同样是一个视野开阔的选择 (三上洁供图)

71

在电线上碰头

电线上一次可以停很多只鸟，所以鸟儿们会将电线当成巢，或者归巢之前的碰头地。这里的"巢"是指鸟儿们聚在一起睡觉的地方。麻雀、灰椋鸟、白鹡鸰等鸟儿会在车站旁边的行道树等地方筑巢，导致树下全是鸟屎（图28）。

图28　在城市里的钢架上筑巢的灰椋鸟，下面全是鸟屎，所以也会有人投诉

关于"归巢之前的集合地"，我需要简单说明一下。比如面前有一片森林，假设乌鸦的巢就在那里。夕阳西下时，乌鸦会三三两两地从四周聚集到一起，但是它们往往不会直接飞进森林里。它们会暂时停在森林四周，鸣叫或者急匆匆地飞来飞去。

这时，电线就经常被乌鸦当成歇脚处，乌鸦们在电线上站成一排嘎嘎叫个不停。在希区柯克的电影《群鸟》中，有鸟群袭击人类的场景，站在电线杆上的乌鸦们就会让我想起那幅画面。

乌鸦们会在电线上聚集片刻，等太阳落山、天色变暗时，再回到鸟巢中。为什么要特意在鸟巢外面集合一次呢？原因尚不清楚[1]。一个简单易懂的假说是"为了确认安全"。在鸟类眼中，每天在同一个地方过夜相当于告诉天敌自己所处的位置。或许正因为如此，它们才会在归巢前，在鸟巢外面集合，确认鸟巢安全再进入。

我觉得它们也可以直接睡在电线上，事实上如果是在

---

1 上田惠介（1990）鳥はなぜ集まる？一群れの行動生態学. 東京化学同人.

城市里，很少会出现哺乳类天敌顺着电线袭击鸟类的情况（虽然松鼠、果子狸等哺乳动物可以爬上电线杆，不过这些动物并不攻击鸟）。不过在我了解的范围里，鸟儿们并不会把电线作为长久的巢。恐怕是由于如果很多鸟在城里的电线上筑巢，周围的居民就会投诉（因为吵、吓人、下面都是鸟屎等原因），继而公司会采取措施，所以鸟儿们都把巢转移到了其他位置吧。

图 29 是乌鸦在电线上过夜时的照片。这些乌鸦们平时在电线上集合后，会飞进附近的深林中筑巢，但是那天它们并没有飞进山林，而是在电线上过夜，或许是因为前一天鸟巢所在的地方发生了什么危险吧。

图29 在电线上过夜的乌鸦群

这里需要注意的是电线的强度。城市里的乌鸦每只重量大概是400~900克，暂且假设一只乌鸦的平均重量为600克吧。一根电线上可能有50~70只乌鸦，所以负重可达30~42千克。虽然电线本身在遇到积雪、强风时也能安然无恙，但是看到大量乌鸦停在上面，还是能让人深切感受到电线的强度。

请大家看看另一张显示电线强度的照片（图30）。这是在北海道津轻海峡沿岸的木古内町拍摄的照片。我在开车前往函馆时，在几百米之外看到了比平常粗三倍左右的电线。我好奇地靠近一看，原来是照片中拍到的情况。

这种鸟叫作秃鼻乌鸦，是只在冬季来到日本的乌鸦，大多聚集在田地里，很少在城市里见到。因为当时是初春，所以秃鼻乌鸦大概正在返回北边的路上。它们从本州越过津轻海峡到达北海道，在电线上稍作休息。秃鼻乌鸦的体形比日本的其他乌鸦小，一只的重量在450克左右。虽说如此，这么重对电线来说也是相当大的负担了。

图30 看上去是电线变粗了，其实是大量秃鼻乌鸦密密麻麻地停在电线上

图 31 秃鼻乌鸦停在电线上

乌鸦，在电线上玩耍

乌鸦也会把电线当成游乐场。

很难严格定义什么是"玩"，姑且理解成"并非生存所必需的事情"或者"打发时间的行为"吧。乌鸦在城市里几乎没有天敌，也不用担心缺乏食物（有垃圾可以翻），所以常常做出看起来像"玩耍"的行为。它们还会滑滑梯，玩球[1]。

乌鸦还会只用嘴把自己挂在电线上。郊外的一些供电线为了让电线更显眼会挂上牌子，乌鸦也会叼着牌子把自己挂在下面。它们还会用两只脚或者一只脚抓住电线转圈。虽然我没有见过，不过它们好像还会把电线当成单杠在上面翻转。靠自己的力量翻转很难，所以它们或许是借助了风力。

1　黒沢令子 · 樋口広芳（2010）カラスの遊び. 樋口広芳 · 黒沢令子（編）カラスの自然史系统から遊び行動まで. pp.219-237.北海道大学出版会.

头寒脚热假说

综上所述，鸟儿们会出于各种各样的原因停在电线上。就像在森林里停在树枝上一样，往来于城市中的鸟儿们能巧妙地利用电线。

不过我认为电线并不具备"必要性"。这可能是事实，但我个人认为有些无趣，如果"鸟儿正是因为那是电线才停在上面的"，就会很有意思了。

于是我想到了一个"为了暖身子而停在电线上"的假说。因为城市里的电力线（配电线）会微微发热，所以停在电线上时爪子会变得暖和。我把这个假说命名为"头寒脚热假说"。如果真的是这样的话，那么正是由于电力线上通电，所以鸟儿才会停在电线上。

关于这个假说的验证情况，我只是先写出了结论，至今没能顺利验证。

如果头寒脚热假说是对的，就能推测出鸟儿会在寒冷的日子里更频繁地停在电线上，但调查结果却看不出这一点。鸟儿停在电线上的频率也受到时间段、风速等因素影响。如果没有大量数据支撑，就无法验证温度带来的影响。

归根结底，电力线的温度真的比周围的气温更高吗？根据电力公司的说法，当用电量大的时候，树脂包裹的电线表面温度也会上升。但是当气温在 0 ℃以下，并且有风的时候，用我手里的廉价温度记录仪从远处测量配电线时，并不能测出电线的温度比外界气温更高。就算有些许发热，说不定也很快被周围的空气冷却了。

就算能证明电线的温度比气温更高，也很难证明鸟儿是为了暖身特意停在电线上的。与其停在电线这种四面透风的地方，停在能挡风的树丛中似乎要更温暖。虽说如此，我今后依然想要继续验证头寒脚热假说。

综上所述，我们明白了鸟儿们并非毫无目的地使用电线。它们停在哪根电线上，停在什么位置，停下后做什么，除了上文介绍的内容之外，应该还有更多内容可以研究。今后如果大家看到停在电线上的鸟，请一定要留心。乌鸦是不是真的停在电线两端？麻雀停在中间吗？燕子停在了哪里呢？说不定你会有新发现。

专栏　歌词中的麻雀和电线杆

上文中提到的调查结果显示，最常停在电线上的鸟类是麻雀。在日本的鸟类中，麻雀是与人类生活关系最近的鸟，它们与电线的关系也相当紧密。

说到"麻雀和电线"，大家知道在 20 世纪 70 年代的电视上登场的《电线人的电线舞》吗？我出生于 20 世纪 70 年代，虽然只留下了模糊的印象，不过要是和年长的人提起鸟和电线，他们提起这首歌的概率相当高，可见这首歌给那个年代的人留下了深刻的印象。

那么什么是电线人呢？给没有见过的人解释起来相当困难，在上演某个短剧时，被称为电线人的英雄突然闯入，领头跳起了电线舞。我这样写完全无法传达出电线人的有趣之处。就当是破坏现场气氛的乐趣吧。歌词如下：

啾啾唧唧　啾啾唧唧

啾啾唧唧　啾啾唧唧

电线上停着三只麻雀

猎人开枪打下了麻雀

煮一煮　烤一烤　吃掉它们

哟哟哟哟　哦哦哦哦

哟哟哟哟　哦哦哦哦

在歌曲的后半段，电线人会踉踉跄跄地跳起舞来。现在想来，那应该就是宴会上的余兴节目吧，余兴节目这个词本身就充满了年代感。

提到麻雀和电线杆，宫泽贤治有一首名叫《运动场上的电线杆》的诗歌作品，不过把这首诗和宴会上的余兴节目相提并论，或许会被骂吧。

雨和云垂向地面

红色芒草穗也被清洗

原野变得干净清爽

花卷的电线杆

麻雀聚集在一百个绝缘子上

它们为掠夺进入稻田
在云和雨的亮光之中
扑棱扑棱地飞翔
倏忽间　麻雀们回到了花卷大三岔路上的
一百个绝缘子

这首诗当然比电线人优美得多，我还在网上听过为这首诗谱曲演唱的歌曲，有兴趣的人一定要去听一听。

这首诗里有个地方会让人感到疑惑，那就是"花卷运动场的电线杆"。运动场里可没有电线杆，这是怎么回事呢？

以下是我的推测，恐怕"花卷运动场的电线杆"指的是"花卷运动场前"那一站的"电线杆"。"花卷运动场前"站是当时从岩手县花卷市市区通往西山花卷温泉乡的铁路上的一站。

另外，"一百个绝缘子"或许是指"苍蝇拍"。"苍

蝇拍"是安装在铁路旁的通信线电线杆，每个电线杆上
都安装了大量绝缘子。由于形状很像用来打苍蝇的苍蝇
拍，所以有了这个别名（图 32）。看老照片时会发现，
虽然没有 100 个那么多，不过每根电线杆上确实装有
50 个左右的绝缘子。

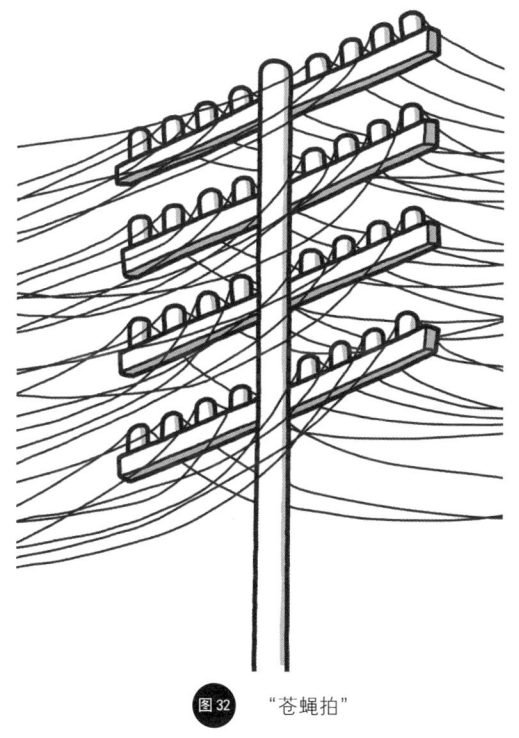

图32　"苍蝇拍"

为什么需要这么多绝缘子呢？如今，所有通话都可以经由一根通信线完成，但是在过去，每根线负责一个通信区间，比如一条线负责 A 站到 B 站，另一条线负责 A 站到 C 站，而每一条线上都有自己的绝缘子。

第二段歌词里，不知道"花卷大三岔路上的一百个绝缘子"中的"花卷大三岔路"是贤治自己的叫法还是当时通用的叫法，现在确实依然存在叫这个名字的三岔路。

不过那条三岔路附近并没有铁路通过（过去也没有），所以歌词中指的或许是林立的多根电线杆上的绝缘子。又或许当时配电线的电线杆上也像苍蝇拍一样安装着大量绝缘子。

还有另一种可能，"一百个绝缘子"原本就不存在，而是停在电线杆和电线上的大量麻雀看起来像绝缘子，因为歌词中有"回到了花卷大三岔路上的一百个绝缘子"这句。

无论如何，这首诗和宫泽贤治的其他众多作品一样，传达了一种自然造物和人造物品共同构造的神奇的世界观。

3

不会触电的鸟儿们

常见疑问

关于鸟和电线，从以前开始就有一个常见的疑问："为什么麻雀停在电线上却不会触电呢？"

因为这是一个常见的问题，所以在网上就能找到答案，不过在回答这个问题的过程中可以更深刻地理解电线与鸟的关系，所以我特意列在了书里。另外，请将这里的"电线"想象成城市中的电力线（高压配电线），把鸟想象成麻雀，不过换成其他任何鸟类，这里的解释都同样成立。"带电"的准确描述是"有电流通过"，不过在这里就请大家不要太在意了。

不会触电的鸟儿们

常见疑问

关于鸟和电线，从以前开始就有一个常见的疑问："为什么麻雀停在电线上却不会触电呢？"

因为这是一个常见的问题，所以在网上就能找到答案，不过在回答这个问题的过程中可以更深刻地理解电线与鸟的关系，所以我特意列在了书里。另外，请将这里的"电线"想象成城市中的电力线（高压配电线），把鸟想象成麻雀，不过换成其他任何鸟类，这里的解释都同样成立。"带电"的准确描述是"有电流通过"，不过在这里就请大家不要太在意了。

触电为什么危险

　　在刚才的问题背后还有一个问题："停在电线上的麻雀看上去会触电，可它为什么没事呢？"提出这个问题的前提是"电流流过身体会造成不好的结果"。

　　电流流过身体确实有危险，这种危险大致可以分为两类：

　　第一，电流流过身体，会导致身体控制紊乱。毫不夸张地说，生物的身体就是由电控制的。构成我们的每一个细胞，都在用电（电位差）进行物质交换。感受疼痛，控制肌肉等信息传递（准确来说是传导）同样要用电。有些用来锻炼肌肉的产品就是利用了身体的这种机制，这些产品用外来的电代替大脑发出指令，控制肌肉收缩，恢复疲劳以达到增肌的效果。靠电力控制的身体如果接收了意料之外的电信号，就很可能出现问题。当电流经过心脏和大脑时尤其危险。

　　第二，电流流过身体会产生热量，可能导致体内烧伤。我们在做饭时烫到手指也会感到疼痛，那是体外的烧伤。如果身体内部的组织被烧伤，那么问题就会更严重。

　　研究表明，接触到的电压越高，接触时间越长，危险就越大。

电流没有流过麻雀的身体吗？

因此，无论是麻雀还是人，当意料之外的电流流过生物体内时都可能发生危险。为什么麻雀停在电线上却没事呢？因为电流并没有流过停在电线（电力线）上的麻雀的身体。准确来说，或许有少量电流流过，不过可以忽略不计。

为什么电流没有流过麻雀的身体呢？下面的解释会有些复杂。

首先，看到城市里的电力线就会明白，金属部分并没有暴露在外，而是包裹了一层橡胶或者塑料，因此就算碰到被包裹的部分也不会触电。家里的电线里也有电流流过，但是被包裹了保护层就是安全的（而且家用电压比电力线更低，所以更安全）。

不过有些复杂的是，就算电力线没有被包裹，金属部分暴露在外，只要麻雀的两只脚（一只脚也可以）都站在一根电力线上，也不会触电。因为和麻雀的身体相比，电力线的导电性更好，更容易让电流通过。

为了理解这一点，让我们做一个思想实验，假设用同样材质的电力线做一根支线代替麻雀，那么忽略细节，可以认为原本的电力线和这条支线上有同样的电流流过。如果将这条支线的材质换成橡胶，当然不会有电流流过，因为橡胶不导电，所以人们会用橡胶包裹电线。

现在让我们尝试用不同的材料替换这根支线，从像电力线一样容易导电的材料到像橡胶一样不容易导电的材料不断更换。当然，导电性好的材料上会有更大的电流流过，导电性差的材料上则几乎不会有电流流过。

在各种各样的材料中，麻雀处在什么位置呢？虽然麻雀比橡胶更容易导电，不过和电力线比起来却几乎不导电（图33）。阻止电流流过的因素是电阻，如果有一条电阻大的路线和一条电阻小的道路，电流就会流向电阻小的道路。反过来说，电线正是一条尽可能降低电阻，方便电流通过的道路。

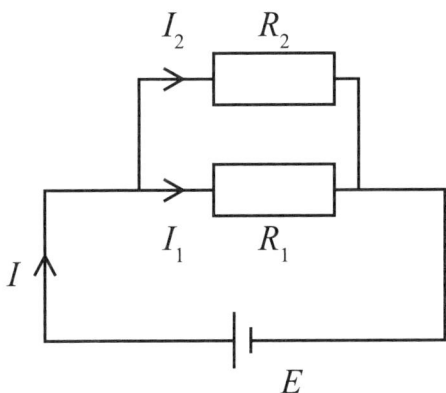

图33 电流计算。假设 R_1 是电力线的电阻，R_2 是麻雀的电阻。电力线为了减少电力损失，会尽量降低电阻，所以 R_1 非常小，而 R_2 相对较大。结果是电流会流经电阻小的电力线，而几乎不会流过麻雀。如果用欧姆定律解释这个现象，那么 $E = I_1 \times R_1 = I_2 \times R_2$ 成立，如果 $R_1 < R_2$, 则 $I_1 > I_2$

因此，就算麻雀停在裸露的电力线上，电流也不会通过电阻大的麻雀，而是会通过电力线，所以麻雀不会触电。

想象水流和导水管

　　如果你还不能理解，请试着这样思考：把电当成水，把电线当成吃流水挂面时用的光滑的倾斜导水管。电流的流动就像水从导水管上流过一样，水从高向低流，电流也从电势高的地方向电势低的地方流。

　　假设我们做一条支线，将导水管分成两个角度相同的管道后再汇合。预设原本的路线和支线的宽度、材料完全相同，那么两条路线上会各有一半水流流过 [图 34（a）]。但是如果支线的底部凹凸不平，水很难流过的话，流过支线的水势就会变弱，使原本光滑的路线流过的水量更大。这时，支线越粗糙，流过的水量就越少，直到没有水流过为止 [图 34（b）]。

　　粗糙程度表示的就是阻止电流流过的电阻大小。橡胶非常粗糙（也就是电阻大），水（电流）无法流过。虽然

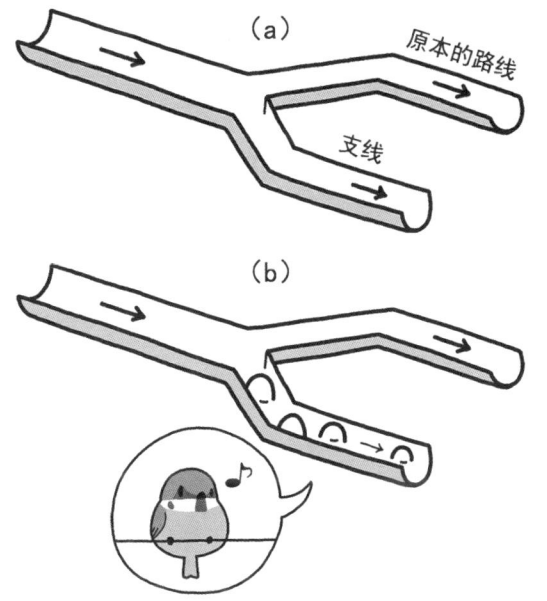

图34 水流过导水管时的概念图。(a)中有相同的水量流过原本的路线和支线。
(b)中由于支线粗糙(用突起表示),所以流过支线的水势较弱,原
本的路线则有更多水流过。随着支线越来越粗糙,渐渐不再会有水流过

麻雀的电阻比橡胶小，但是比电力线大得多（也就是粗糙得多），所以电流也几乎不会流过。也就是说，电流会流过原本的路线而不会流过麻雀。

人类同样如此，人体的电阻比电线大，所以无论是单手还是双手，只要都抓住"一根电力线"吊在空中，体内就不会有电流流过。

不要跨立，危险！

不过"抓住两根电力线吊在空中"，或者"单手抓住一根电力线，身体的某个部分接触地面或者电线杆"同样会触电。重要的不是身体接触两根电力线，而是身体接触到有电流流过的电线之外的物体。

如上文所述，麻雀的身体比电力线电阻大，但是就算身体的电阻大，如果右脚和左脚（身体的某个部位和其他部位）存在较大的电位差，电流就会流过身体。

请大家想象刚才提到的水和导水管，刚才我们假设支线的倾斜角度和原本的路线相同。虽然倾斜角度相同，但支线更粗糙，所以水几乎不会流过支线。但是这一次，请大家假设分出的支线并不是一条导水管，而是直接连接地面。分岔点与地面之间的高度差相当于电位差。这样一来无论导水管多么粗糙，水都会更多地流向倾斜角度更大的路线（图 35）。

总结以上内容可知，虽然麻雀和人体的电阻都比电力线大，电流难以流过，但如果身体两个部位之间的电位差较大时，就会形成导电的通路，电流会突破电阻流过身体导致触电。

图35 和图 34 同为概念图。虽然支线的电阻和图 34（b）一样，但是由于支线的倾斜角度很大，所以依然有水流过

有些危险的供电线

上述理论同样适用于连接到郊外供电塔的电力线（供电线），不过有两点与城市里的电力线（配电线）不同。

首先，供电线本身就没有被包裹，而是裸露在外，负责为供电线绝缘的是空气。空气的绝缘性能并不高，但是可以免费使用，所以很划得来。另一点不同在于供电线里的电流电压很高。城市里的电力线（高压配电线）的电压是 6600 V，很多供电线的电压则要高出十倍。

尽管有这些差别，但如果麻雀还是两只脚都停在同一根供电线上，刚才的理论同样成立，所以麻雀不会触电。实际上麻雀也经常停在供电线上（电压过高的供电线会微微带电，或许会被麻雀嫌弃吧）。

只是由于电压太高，麻雀停在供电线上也有相当低的可能性触电。如上文所述，空气作为绝缘体的性能并不好，所以空气中会有电流。我们很了解空气带电的现象，打雷、冬天碰到门的时候被电、电击枪的两个电极之间蹦出电火花都是空气带电的现象。只要有足够的电位差，电流就可以流过空气。

我已经解释过，人如果只抓着一根电线吊在空中并不会触电，当然我们不能用城市里的电力线（配电线）做这种事。但是供电线的电压很高，所以假如吊在空中时很靠近地面，就有可能在快要接触地面之前触电。在"供电线"—"身体"—"空气"—"地面"之间形成的电路，由于电压本来就高（供电线与地面之间的电位差很大），空气无法承受，就会被电流击穿。当鸟儿的两只脚站在供电线上，出现某种破坏空气绝缘的情况时也会触电。

对麻雀来说，停在供电线上时，触电的危险比停在配电线上要大一些。高压十分危险，所以我们不能随意靠近供电塔。

专栏 用打比方进行说明的利弊

上文中提到了水和导水管的例子，是因为我常被人问到"麻雀为什么不会触电"，为了让大家能直观地理解而想出了这个例子。这样解释有时会被人夸"简单易懂"。

然而其实水流和电流完全不同。电的本质是电子，移动速度比组成水的水分子慢得多。尽管如此，电流的移动速度却比水流要快。也就是说，电和水的流动意义完全不同。水流是水的实际移动，而电流其实是信息移动。

电并不能像凉粉一样，按住电线一头就能从另一头倒出来。我们可能觉得只要按住棍子的左端倒过来，里面的物体就能瞬间向另一头移动，其实这要花一些时间。全长 30 万千米的电线里，理论上电流只需要一秒就能通过。但是全长 30 万千米的棍子如果按住一头，哪怕材质不同结果会有些区别，但里面的东西流向另一头却要花三天多的时间。

无论如何，水和导水管的解释只是打比方。

最近无论是电视节目还是学校教育，用比喻的方式将复杂的内容掰开揉碎进行说明的方法很受欢迎。当然，我明白这种方法的效果，让不好理解的内容变成自己熟悉的东西去理解是学习的基础。

但如果养成了用肉眼可见的物体和有形之物代替微观层面的物理现象来理解的习惯，总有一天会达到理解的极限。不仅仅是物理现象，将国家层面的现象替换成家庭层面的现象时或许也会出现同样的问题。最近我越来越深切地感受到，有必要教育人们，即使不理解，也要照单全收。因为强行咽下自己不理解的知识后不断思考，可能会在某一个瞬间醍醐灌顶。

当然，为了实现这个效果，教育者也需要有耐心。因为拼命解释之后，听到一句"我明白了！"一定比听到"我不太明白"更开心，所以教育者会不自觉地把知识掰开揉碎来解释。教育必须要谨慎。

鸟，在电线杆上筑巢

鸟巢是摇篮

在电线杆鸟类学中，我会将更多的关注点放在电线上，其实电线杆同样重要。电线杆是鸟儿们经常筑巢的地方。在本章中，我将关注鸟类用来筑巢的电线杆。如果将电线看成树枝，电线杆就相当于树干。对于进入城市的鸟儿们来说，电线杆和电线就是树木，电线杆林立的城市或许可以被称为森林。

接下来，我首先要介绍关于鸟巢的内容，避免大家产生误解。鸟巢和我们人类的房子的作用不同，我们的房子一年四季都要使用，而鸟巢只在育儿的时期使用。

鸟儿会在春天产卵。在给鸟蛋保暖，孵化雏鸟，给雏鸟喂食，到雏鸟能飞起来之前的阶段用到的就是鸟巢。鸟爸爸鸟妈妈在雏鸟还小时，为了给雏鸟保温，会睡在鸟巢里，等雏鸟长大后就不再进入鸟巢，而是睡在附近的树上。

等雏鸟离巢后，鸟巢就被遗弃了，鸟爸爸、鸟妈妈和雏鸟一般都不会回到鸟巢。有时鸟巢会在第二年被重新利用，但至少秋冬季节是被扔在一边的。所以我认为对鸟类来说，与其说"鸟巢"是"房子"，不如说是"摇篮"更准确（尽管我明明在上一个专栏里刚刚说过一番大言不惭的话，但结果这次还是用了比喻……）。

鸟巢小知识

鸟有不同种类，鸟巢也有多种多样的形式（图 36）。

恐怕大家最容易想到的鸟巢就是用树枝做成的，呈盘子形或者碗形的鸟巢吧。这些是鸟巢的形式之一，但绝不是标准形式，鸟巢并不存在"标准"形式。

鸟巢的形状有球形、椭圆形、葫芦形等等。用来筑巢的不仅有树枝，还有草、苔藓、叶子、泥土等各种各样的材料。

筑巢的位置同样多种多样。就算只看树上的鸟巢，也有搭在树枝上方、悬挂在树枝下方、在树干上打洞等很多种方式；也有把巢挂在草上、放在岩石或地面上的鸟。另外，或许大家很难想象，甚至有在地面上打洞的鸟，以及让鸟巢浮在水面上的鸟。像帝企鹅这样生活在极寒之地，需要孵蛋的鸟类，如果把蛋放在鸟巢里就会变凉，所以它们不筑巢，而是把蛋放在脚上用腹部的羽毛盖住。

图36　各式各样的鸟巢。（a）筑在树杈上的乌鸦巢。（b）穿透树干的小星头啄木鸟巢。（c）在墙壁上用泥土筑成的毛脚燕巢。（d）在建筑的空隙里用草编成的白鹡鸰巢。（e）把草铺在养殖筏上筑成的黑尾鸥巢。（f）很难发现的，用草在沼泽上筑成的凤头䴙䴘的浮巢（三上洁供图）

综上所述，鸟巢的形状、材质和位置的组合多种多样。世界上大约有一万种鸟，要说每一种鸟的鸟巢都不同就有些夸张了，不过只是粗糙地分类也能分为几十种形式。

其中，电线杆上的鸟巢有三种形式[1]：①用电线杆上的洞做鸟巢；②自己打洞筑巢；③把巢放在电线杆上。下面我会按顺序介绍。

---

1 三上修（2019）日鳥学誌 68:1-18.

①用电线杆上的洞做鸟巢——有洞就想进

以这种形式筑巢的代表性鸟类是麻雀，除此之外还有大山雀、山麻雀、紫背椋鸟等。

那么电线杆的什么地方有洞呢？

电线杆的杆子部分一般不会开洞，如果开了鸟能钻进去的大洞，杆子的强度就会不够。有洞的不是杆子，而是安装在电线杆上的各种附件。尤其常见的是第1章里介绍过的"横担"。大多横担是笔直的金属方形管，管子的两端有洞，麻雀等鸟类就会钻进去筑巢（图37）。在横担上筑巢的鸟绝大多数是麻雀，所以下面我们继续介绍麻雀。

在樱花盛开的时节，能看到麻雀忙忙碌碌地往洞里运送草叶的景象。横担的规格不同，不过内径基本在60毫米×60毫米左右，相当狭小。图38（a）是直径15厘米、比横担宽得多的废旧烟囱里的鸟巢，塞得满满的，里面很松软。

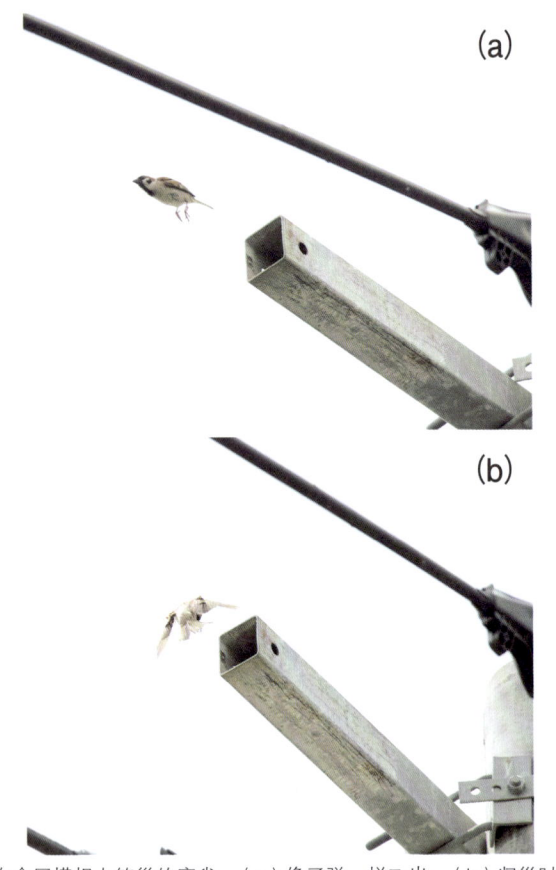

图37 在金属横担上筑巢的麻雀。（a）像子弹一样飞出。（b）归巢时会减速，不过依然会迅速钻进内部

而横担位置很高，所以没办法拍到里面的样子，不过应该和位置较低的一根金属管里的鸟巢相似图38（b）。因为没有太多位置放筑巢的材料，所以底部只有薄薄一层像坐垫一样的干草。横担里的鸟巢应该和照片里的差不多。

图38　不同的麻雀巢。（a）直径15厘米左右的废弃烟囱（准确来说是炉子的排气管）里的麻雀巢。巢里塞得满满的，像松软的被子。（b）和横担结构类似的管子里的麻雀巢，只有少量干草，大约是一块坐垫的厚度，说得难听点儿，连一块坐垫的厚度都没有

麻雀会在看起来就不舒服的横担里产卵，用两周左右的时间孵化。孵出来的雏鸟会叽叽喳喳地叫着要食物，所以在一天中人迹罕见的安静的时间段，甚至能听见横担里传出雏鸟乞食的声音。鸟爸爸和鸟妈妈会辛勤地把食物运到横担里，三周之后，雏鸟离巢。

几乎所有电力杆和共用杆上都有横担，大家或许会认为麻雀似乎可以随心所欲地筑巢。但事实并非如此。因为横担上的洞不一定是敞开的，正好相反，电力公司基本上会特意封堵上这些洞。

麻雀在横担的洞里筑巢本身不受电力公司欢迎，不过问题并不严重。但是如果有蛇顺着电线杆爬上去吃鸟巢里的蛋和雏鸟，就可能出现问题，导致停电。

蛇在森林中常常上树攻击树洞里的鸟巢。在蛇看来，爬电线杆和爬树没什么区别，然而无论是对蛇来说还是对人类来说，都很可能造成不幸的结果。因为蛇的身体很长，如果蛇的身体搭在两根电力线上，或者爬到一根电力线上的时候身体的一部分还在横担上，根据上一章中介绍的原理，电流就会流过蛇的身体，蛇会触电身亡，同时引发电流异常，导致停电。

一旦停电，就会带来各种各样的问题。于是电力公司为了避免因为蛇造成停电，会堵住横担的两端，防止麻雀筑巢，从根源解决问题。不过市中心本来就没有蛇，所以也有些地方不会堵住横担。另外，原本堵住的洞也有可能因为材料劣化而重新敞开。

有洞就想堵住

　　横担以前是木制的，因为用的是四棱木材，所以并非中空结构。麻雀当然无法在里面筑巢。1955年，九州电力公司开始使用金属横担；1967年，东北电力公司也开始使用金属横担，后来麻雀开始在横担里筑巢，结果招来蛇导致停电，于是电力公司堵住了横担两端的洞。

　　在不同地区、不同制造年代，封堵横担的方法都不一样（图39），这些方法的区别反映出各个地区生产并向电力公司销售固定装置的承包商的不同。实际上在查看横担产品目录时，能看到"东北电力规格"和"东京电力管内使用"等标签。也就是说，不同电力公司的横担规格有些许不同。我在旅行时，会期待找到不同的封堵横担的方式并且拍照。请大家务必也常看一看附近的横担是用什么方式堵住的。

　　有的横担边缘会用螺丝贯穿，不过不知道目的是否在于堵住横担(图40)。虽然看起来无法筑巢，不过事实并非如此。比如图40(a)中，横担右侧边缘有洞，在中间部分上了螺丝。但仔细观察这条横担放大后拍摄的图40(b)，就能看到里面有筑巢的材料。其实麻雀就是从右边的洞里进出的，恐怕是钻过了上螺丝的部位。

麻雀能否在电线杆上筑巢取决于横担上有没有洞。表2是调查人员仔细调查了日本国内6座城市，每座城市分别调查了40根电线杆，数过横担上的洞的数量后得到的结果[1]。从中可以看出横担上洞越多的城市，麻雀巢的数量也越多。

表2 各城市中40根电线杆横担上的洞的数量和鸟巢的数量。6座城市比较结果

城市名称	洞的数量	鸟巢数量
岩手县盛冈市	0	0
东京都丰岛区	28	8
爱知县名古屋市	0	0
大阪府大阪市	11	4
岛根县松江市	3	3
宫崎县宫崎市	1	1

1　三上修·他（2014）日鸟学誌 63:3-13.

图 39 堵住横担两端的各种方法，找一找会很有趣

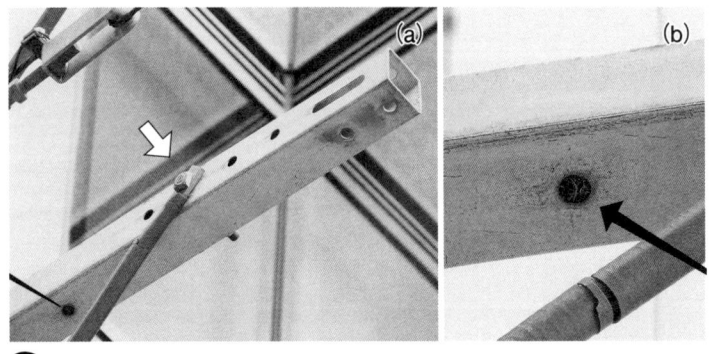

图 40 这些小困难在筑巢时很容易克服。（a）横担中间有螺丝（白箭头位置），不过麻雀还是从右边钻进去筑了巢。（b）从排水孔里能看到筑巢的材料

不过麻雀在横担上筑巢的数量不仅仅取决于横担上洞的数量。比如在瓦片屋檐的房屋较多的地区，麻雀就会选择在屋檐下筑巢[1]。麻雀在瓦片屋檐下筑巢的历史悠久，瓦片屋檐的檐下部分在日语中甚至有"雀口"的叫法。从舒适程度来看，在屋檐下筑巢应该比狭窄的横担上高得多。

1　加藤貴大·他（2013）日鳥学誌 62:16-23.

里面不热吗?

可是横担是金属制的,里面应该很热,雏鸟不会有事吗?

为了调查,我做了一个实验。将一根横担放在大学的屋顶上,里面塞满茅草,做一个假鸟巢,然后测量内部温度。

图 41 中的图表分别是 6~9 月中的某一天,每隔 30 分钟测量到的横担内部的温度和外部气温阴凉处。可以看到横担内部的温度在正午时分会比外部气温更高,到了晚上则与外部气温相同。

白天,横担内部的温度之所以会升高,原理和汽车引擎盖温度比外部气温更高一样。和空气相比,金属更容易吸收太阳的热量。因为阳光直射横担,所以横担温度更高。太阳的高度越高,也就是时间越接近正午(准确来说,由于这项调查是在函馆市进行的,太阳到达最高处的时间比正午稍早,在 11 点 30 分左右),照射在单位面积上的阳光越强,所以

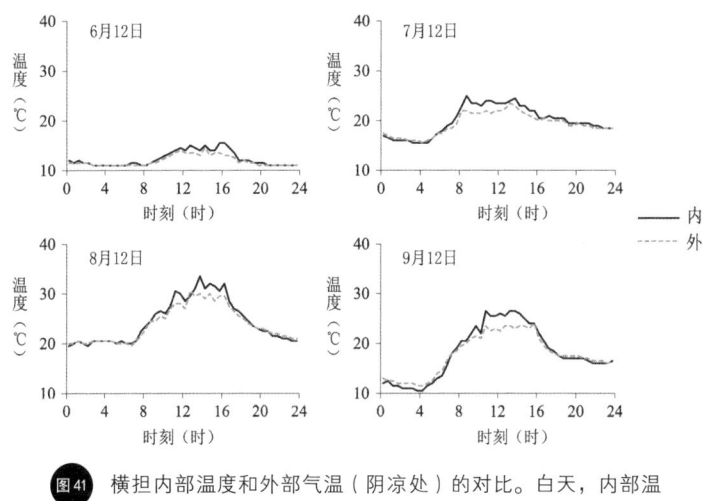

图41 横担内部温度和外部气温（阴凉处）的对比。白天，内部温度更高，晚上则几乎没有差别。

横担的内部温度会上升。接近正午的时间段平均比外界气温高 3 ℃，最高时甚至能高出 6 ℃。

实验前，我的预想是横担内部的温度比实验结果更高，但结果和我预想中不同。汽车的引擎盖很烫，用手触碰甚至有可能烫伤，不过或许因为横担是中空结构，通风好，所以更容易冷却。虽说如此，对雏鸟来说，在盛夏气温很高的时期，哪怕只是几℃，横担里的温度上升也是一件危险的事。不过麻雀的育雏高峰期是在 5 月到 6 月，在气温真正升高的 7 月，育雏高峰已经结束。所以对于常在横担里育雏的麻雀来说，内部温度升高的问题或许并不严重。

不过这只是假想实验结果，与现实状况有很大差别。在现实中，麻雀的父母或雏鸟会住在巢里，也就是说横担里存在热源，因此温度也许比实验中更高。另外，反过来说，夜里的低温同样会给雏鸟带来危险。由于金属导热性好，如果夜里雏鸟直接接触到横担内部，身体热量或许会不断流失。

要想调查麻雀是否能在横担里顺利育雏，需要和作为传统筑巢地点的瓦片屋檐等地的育雏情况进行对比，也需要对比同一地区中，横担里的鸟巢和瓦片屋檐下的鸟巢里雏鸟的存活率和成长率。只是要想收集可用数据，至少需要在两处分别调查 30 个鸟巢，所以难度很大……

各种各样位于别处的洞

电线杆上除了横担，还有其他能供鸟类筑巢的洞。

首先是放置变压器的平台。在不同地区和不同时代，变压器的形状和放置方式也不尽相同，有一些变压器会放在平台上。这个平台（叫作变压器台）上有洞，麻雀会在里面筑巢（图42）。

图42 变压器下方延伸到右边的管子中空，麻雀会从黑色箭头位置进入筑巢

另外，为了整理从变压器将电送入各家各户的进户线，电线杆上也装有"进户接线盒"，盒子上有用于走线的洞，麻雀也会在里面筑巢（图43）。某电力公司的工作人员曾经说过："横担也就罢了，进户接线盒虽然设计成了避免漏电的结构，可要是有麻雀在里面筑巢就有可能出现故障，真伤脑筋。"

图43 入户接线盒上的麻雀巢，从下方的洞（黑色箭头位置）出入

麻雀和大山雀还会在斜拉固定线保护套或防护罩上筑巢。斜拉固定线保护套在第 1 章里出现过，是为了让固定电

线杆的斜拉线更显眼而包裹的保护套。安装防护罩则是为了避免通信线碰到行道树等物体后劣化。保护套和防护罩的空间都比横担好不了多少，但鸟儿们还是会顽强地在里面筑巢（图 44）。

图44 从防护罩里探出头来的雏鸟

　　有的灰椋鸟会在支撑电线杆的支柱上筑巢（图 45）。虽然不清楚鸟巢的构造，不过我见过灰椋鸟从支柱上方出入，还能听到雏鸟的叫声，所以里面一定有鸟巢。多半是支柱的中央部分有洞可以钻入……不过我有些担心，在中间部分筑巢，巢不会滑落吗？

图45 在支柱中间部分的洞里筑巢的灰椋鸟，我担心鸟巢会掉下去，它们或许也是绝境求生吧 （三上洁供图）

②自己打洞筑巢

电线杆上并非总是有适合筑巢的洞。于是有的鸟会自己打洞筑巢，比如啄木鸟科的鸟。

在森林里，啄木鸟会在树干上打洞筑巢，在电线杆上同样如此。当然，如今主流电线杆的材质是水泥，无法打洞，能打洞的是过去的木制电线杆。虽然现在数量很少，不过乡下还会有木制电线杆，上面能看到啄木鸟打的洞（图46）。

过去的电线杆都是木制的，比如1923年日本农商务省山林局出版的《电线杆调查》中记载，电线杆的材料多为杉木、柏木、落叶松木、冷杉木、虾夷松木等。

那么啄木鸟在木制电线杆上打洞不会出问题吗？读过1977年10月22日的《读卖新闻》就知道是有问题的。那天的报纸上登载了在埼玉县的秩父地区，啄木鸟在电线杆上

图46 旧木制电线杆上的洞。恐怕是啄木鸟科的大斑啄木鸟打的洞。虽然照片上看不见，其实有灰椋鸟在里面筑巢

打洞让东京电力秩父营业厅工作人员头疼不已的报道。我来引用报道中的部分内容："每年有八九十根电线杆会被啄木鸟破坏。今年已经有 69 根电线杆遭到了破坏，如果置之不理则会有倒塌的危险，所以每次都必须更换新电线杆。"其他文章中也报道过实际折断的电线杆，以及用水泥灌入被啄木鸟啄开的洞的处理方式。

在森林中，啄木鸟会在树上打洞筑巢繁殖，到了第二年，其他鸟儿会用啄木鸟打出的洞筑巢。很多啄木鸟每年都会打新的洞，留下的洞对其他鸟类来说也是不错的筑巢场所。同样的事情也发生在木制电线杆上，麻雀和灰椋鸟会利用啄木鸟打出的洞筑巢。

有趣的是，因为有的鸟用啄木鸟在电线杆上打出的洞筑巢，所以人们会误以为那是它们自己打出的洞。有一种名叫三宝鸟的鸟，头和嘴都很大，看起来很会打洞，其实只是利用了白背啄木鸟打好的洞[1]。

1　飯田知彦（1992）Strix11:99-108.

现存的少量木制电线杆应该也会逐渐被水泥电线杆取代。因此也不用再担心啄木鸟打洞导致电线杆倒塌。但啄木鸟在电线杆上筑巢的历史，以及其他鸟类利用啄木鸟打的洞筑巢的历史也会随之落下帷幕。

③把巢放在电线杆上

第三种"把巢放在电线杆上"的方式其实是把小树枝等材料堆积在电线杆筑巢。乌鸦等体型较大的鸟会采用这种方式。乌鸦等鸦科动物本来就会在 15~20 米高的树枝底部用小树枝筑巢，在城市中就换成了电线杆（图 47）。

这种类型的鸟巢会导致停电，因为筑巢用到的小树枝容易碰到不该碰的位置。如果是小树枝的话还好，要是乌鸦用金属衣架筑巢的话，由于金属容易导电，引发停电的概率还会上升。

从 20 世纪 80 年代开始，鸟类筑巢时开始使用金属衣架。大阪曾经做过使用金属衣架的鸟巢比例的调查（不仅限于电线杆，也包含在行道树上筑的巢），得出了市内 46.1%、市-

外 24.8% 的鸟巢都使用了金属衣架材料的结果[1]。市外比例较低的原因应该在于树枝更容易获取,而且调查结果表明周围的绿色植物越多,鸟类使用金属衣架筑巢的可能性越低[2]。

它们是从哪里找来金属衣架的呢?我们知道乌鸦会特意在阳台徘徊,在 YouTube 的公开视频里,拍到了用金属衣架晾 T 恤时,乌鸦灵活地扒下 T 恤只拿走衣架的情景[3]。

电力公司也曾呼吁居民不要在阳台放置金属衣架,请大家一定要予以配合。

1　和田岳（2004）大阪鳥類研究グループ会報 42：7-8.

2　松尾淳一（2005）Strix23:75-81.

3　http://www.youtube.com/watch?v=P0xZNOkQNeU

图 47 筑在电线杆上的乌鸦巢。我在拍摄后正式上报了电力公司来处理

乌鸦从什么时候开始筑巢？

那么乌鸦是从什么时候开始在电线杆上筑巢的呢？

就算搜索论文也很难获取到相关的信息。原因在于就算研究者看到乌鸦在电线杆上筑巢，也只会感叹一句"啊，乌鸦在做奇怪的事"，而不会想要写进论文里。在积累一定数量的数据之后才能形成论文，所以论文发表的时间较第一次目击到这类情况的时间会有所延迟。

在收集并记录以前没有出现过的现象方面，报纸有时是更优秀的媒介。

所以我在《朝日新闻》报道数据库"闻藏 II Visual"中用"乌鸦"（或者"鸟"）"电线杆""鸟巢"等关键词查询了《朝日新闻》过去登载过的报道，日期最早的是1906 年 4 月 19 日，报纸上登载了日本桥区浪花町的乌鸦在电线杆上筑巢的报道。报道中有"随着城市的扩张，小鸟逐渐搬到郊外。由于瓦片屋檐数量减少，麻雀难以找到筑巢的地方，而乌鸦似乎并没有受到影响，在热闹的日本桥区浪花町的电线杆上筑巢，鸟巢里还有两颗鸟蛋"的内容。

从那以后，偶尔能见到乌鸦在电线杆上筑巢的报道。在1970年左右，还有乌鸦在铁路相关的电线杆上筑巢导致火车无法运行的记录。

到了20世纪80年代后期，乌鸦在电线杆上筑巢的报道越来越多。比如在1989年5月28日的报纸中，有"以前乌鸦在郊外供电塔上筑巢的情景很显眼……如今，这幅场景同样出现在市区配电线的电线杆上""没想到乌鸦会在住宅区和市中心的电线杆上筑巢"等描述。从这篇报道里可以看出，当时乌鸦在电线杆上筑巢还不像现在这样普遍。

我用同样的方法在"阅读历史馆"数据库里搜索了《读卖新闻》过去的报道，发现最早的关于乌鸦在电线杆上筑巢的报道出现在1976年4月10日。在那篇乌鸦在东京的电线杆上筑巢的报道中提到了"东京电力公司表示，以前曾经清除过麻雀在电线杆上筑的巢，不过乌鸦在电线杆上筑巢还是第一次"。之后，到了 20 世纪 80 年代后期，相关报道开始增加。

　　结合以上信息，20 世纪 70 年代，乌鸦开始被观测到在电线杆上筑巢，到了 80 年代后期逐渐增加。1906 年日本桥的乌鸦或许领先了时代 70 年左右。

电线杆上的小嘴乌鸦

　　虽然上文用了"乌鸦在电线杆上筑巢"的说法，但其实就像我在第2章中介绍过的那样，并没有一种鸟叫作"乌鸦"。在日本的城市里，存在的是小嘴乌鸦和大嘴乌鸦两个品种的鸟。

　　在这两种乌鸦里，在电线杆上筑巢的主要是小嘴乌鸦。在网上搜索乌鸦在电线杆上筑巢的图片时，看到的只有小嘴乌鸦。以前的文献中也出现了在电线杆上筑巢的只有小嘴乌鸦的说法[1]。

　　小嘴乌鸦不在意别人看见自己的巢。就连在行道树上筑巢时，也会在叶子尚未长出来，只能看到枝条，鸟巢一目了然的状态下筑巢。而大嘴乌鸦筑巢的时间会比小嘴乌鸦晚半

1　後藤三千代（2017）カラスと人の巣づくり協定. 築地書館.

个月到一个月，更倾向于在叶子长出来，从外面不容易看到鸟巢的时候再筑巢。在电线杆这种开阔的地方筑巢符合小嘴乌鸦的习性。

不过尽管数量较少，但大嘴乌鸦也会在电线杆上筑巢。我觉得大嘴乌鸦在电线杆上筑巢的情况在增加，不过这只是我自己的感觉，并没有充分的数据支撑。电力公司中也有和我感觉相同的人："感觉以前只有小嘴乌鸦在电线杆上筑巢，现在也能看到大嘴乌鸦的巢了。"

另外，这两种乌鸦还有一个很大的不同。大嘴乌鸦经常攻击靠近鸟巢的人，而小嘴乌鸦基本上不会发起攻击。两种乌鸦都会威吓靠近鸟巢的人，不过会发起直接攻击的是大嘴乌鸦。常常会有乌鸦在筑巢时期攻击附近行人的新闻，其实攻击行人的是大嘴乌鸦，也就是不常在电线杆上筑巢的乌鸦。在电线杆上筑巢的小嘴乌鸦虽然会叫，但是很少发起实际攻击，所以请大家放心。

喜鹊——老手在电线杆上筑巢，新手在树上筑巢

喜鹊属于鸦科，在日本主要分布在以佐贺县为中心的地区（图48）。喜鹊原本不住在日本，有一种说法认为在16世纪末的文禄庆长之战[1]中，日本出兵朝鲜，将喜鹊带入日本，于是喜鹊开始在日本繁殖。

图48　喜鹊。虽然喜鹊属于鸦科，但羽毛颜色很漂亮
（Volodymyr Kucherenko © 123RF.COM）

1　文禄庆长之战：中国称为"万历朝鲜战争"。

喜鹊和乌鸦一样，原本都在树上筑巢，从某个时期开始在电线杆上筑巢（图 49），对此有详细的记录。喜鹊以前只分布在佐贺地区，所以喜鹊的栖息地在大正十二年（1923年）被指定为天然纪念物[1]，后来人们进行过各种各样的调查。

图49　喜鹊的巢。比乌鸦的巢更厚（江口和洋供图）

1　天然纪念物：在日本指具有特殊意义的自然体，如地质断层、地貌结构，或者是仅有珍稀动植物及其仅存的生境而未受人为活动影响的地方。这些地区因其固有的稀少性、代表性的自然特质或文化意义而被指定为高安保护的对象。

　　调查结果显示，第一份关于喜鹊在电线杆上筑巢的报告出现在 1931 年。当时，喜鹊在电线杆上筑巢的数量不到所有喜鹊巢的 10%，也就是说，大部分喜鹊不会在树上筑巢。在 1970 年前后的记录中，电线杆上的喜鹊巢依然只有 10% 左右。但是到了 80 年代后期，这一比例已经超过 50%，到了 2010 年中期则超过了 90%[1]。可以用来筑巢的树并没有减少，所以或许是因为喜鹊更喜欢电线杆了吧。

　　刚才提到喜鹊分布在佐贺县，不过到了 20 世纪 80 年代，喜鹊也开始在北海道的室兰和苫小牧繁殖[2]。几个世纪以来，喜鹊几乎没有离开佐贺，为什么突然飞到了与佐贺并不相连的北海道？这成为了鸟类学界的一大疑问。

　　DNA 调查结果显示，北海道的喜鹊并非来自九州，而是由不同喜鹊们组成的集群[3, 4]。原因尚且不明，不过这些喜鹊不常在电线杆上筑巢，大部分还是在树上筑巢。

1　江口和洋（2016）日鳥学誌 65:5-30.

2　黒沢令子·堀本富宏（2015）山階鳥類学雑誌　46:83-88.

3　Kryukov AP et al.(2017)Zool Sci 34:185-200.

4　森さやか（2019）第 16 章　絶滅危惧種保全と外来種管理への保全遺伝学的アプローチ. 上田恵介（編）遺伝子から解き明かす鳥の不思議な世界. 一色出版.

鹳[1]——被保护的筑巢过程

鹳也会把鸟巢放在电线杆上。

鹳是日本的传统鸟类，曾经遍布全国。进入明治时代之后，由于过度捕捉以及生存环境的变化导致鹳的数量剧减，鹳于 1971 年在日本灭绝。后来，各地动物园采取保护性增殖，兵库县丰冈市也开始推进野生复归计划，到了 2020 年，已经有 100 多只鹳生活在野外了。

江户时代的文献中记载，鹳会在松树和寺庙的屋顶上筑巢。不过等到电线杆出现后，鹳也会在电线杆上筑巢。如今，鹳依然会在电线杆上筑巢。由于鹳的体形较大，因此鸟巢也很大，甚至有直径达到 2 米，厚度达到 1 米的鸟巢。所以和乌鸦巢相比，鹳的巢造成停电的可能性更高。

1　指东方白鹳。

但是就算鹳已经在电线杆上筑了巢，也不能立刻清除。鹳本身就是特殊的天然纪念物，还被指定为"日本稀少野生动植物"，更何况它们好不容易才出现了个体数量恢复的倾向。

2019 年 4 月，北陆电力公司的辖区里有鹳在电线杆上筑巢。对人类来说有停电的风险，对鹳来说也有触电死亡的危险。当时，北陆电力的处理方法相当优秀。它们制造了另一套配电系统（也就是拉了一条支线），在鹳育雏期间，停止向那根电线杆输送电力，保护鹳的育雏过程。等那只鹳顺利将 4 只小鹳抚养长大后，北陆电力公司才清除了鸟巢。

专栏 正文装不下的话题

　　电线杆、电线与鸟类及鸟类之外的生物还有其他关系。下面我将为大家介绍不方便收录在正文里的五个话题。

　　第一，鸟类在国外的电线上筑巢的情况。南非有一种鸟名叫织巢鸟，原本会在大树上筑一个巨大的巢，几十对鸟一起住在里面。它们现在也会在电线杆上这么做，就像给电线杆穿上了衣服一样（图50）。

　　第二，鸟儿们也会在和横担形状类似的路标上筑巢。在北海道和东北地区，路上有叫作"固定式视线引导柱"的路标（图51）。路标上装有向下的箭头，用来在大雪覆盖路面，大地一片洁白的时候指示道路边缘所在的位置。这种路标的装置边缘有洞，麻雀、山麻雀、灰椋鸟等会在洞里筑巢[1]。

第三，除了鸟儿之外，还有其他生物会在电线上筑巢，那就是蜘蛛。大家有没有见过蜘蛛在电线之间织的网呢？根据蜘蛛研究者马场友希女士的说法，在电线上织网的多为金丝蛛。在进入城市的金丝蛛眼中，电线或许和树枝一样。金丝蛛在电力线上织网时会利用多根电线，那么它们不会触电吗？如果电线外面有绝缘层或许没问题，不过金丝蛛或许会优先选择通信线织网。

第四，会爬上电线杆的生物。在第 1 章中，我为大家介绍了用来支撑电线杆的斜拉固定线。因为固定线角度倾斜且细，所以正适合生物攀爬。会爬电线杆的代表性生物是蛇，但植物也会攀爬电线杆。葛之类的藤蔓植物的藤蔓会缠绕在固定线上向上攀爬。为了防止植物攀爬，斜拉固定线中间会安装帽子或者飞碟形状的装置，叫作"阻隔装置"或者"防攀爬保护器"。与城市相比，

1　大山ひかり・他（印刷中）北海道における固定式視線誘導柱への鳥類の営巣. 日本鳥学会誌 69（2）.

郊外的斜拉固定线上这类情况更常见（图 52）。

最后是第五个话题，关于蝉产卵的问题。发出"知了知了"的吵闹叫声的蝉原本会在树木的枯枝等地方产卵。孵化出来的幼虫钻进土里成长，然后再爬上树羽化成为蝉。蝉会在电线上产卵，或许是因为把电线当成了树枝。在众多电线里，它们尤其喜欢在将光纤等引入各家各户的"分接电缆"上产卵。蝉将产卵管刺入电缆的绝缘层产卵，会导致通信障碍，所以销售分接电缆的网站上能看到"防蝉型""抗蝉电缆"等文字[1]。

---

1 社団法人電線総合技術センター（2011）身近な電線のはなし．オーム社．

图50 织巢鸟的巢。处理方式很粗放，但并没有成为社会问题
（feathercollector©123RF.COM）

图51 大雪导致视野不佳时的救星，固定式视线引导柱。（a）远景，
箭头背面的管子上有洞，鸟儿会在洞里筑巢。（b）特写，山麻
雀停在箭头上，想钻进管子里

图52 防攀爬保护器, 有时也叫阻隔装置、阻隔器等。不同地区的装置形状不同。用谷歌街景视图可以看到全国各地的防攀爬保护器, 空闲时请一定要看一看

5

与鸟儿对抗的
电力公司

　　如前文所述，鸟儿们会用各种方式利用电线、电线杆，有些用法有导致停电的风险。为了避免停电，电力公司的人每天都在与鸟儿对抗。

鸟类引起的停电有多少?

由于鸟类行为导致的停电有多频繁呢?

在电力业界,输电设备发生的所有事故都被统称为"电力事故",其中也包含电力作业中的触电事故。"停电"是电力事故的结果之一。

电力公司每年都会统计电力事故,总结出"电力安全统计"(在日本经济产业省网站公布)。统计分为发电、供电、配电三项,分别记录每一项都发生了什么样的事故。参考统计表中可以看到每年由鸟类引起的事故数量。

为了调查城市里的电线,也就是配电线上发生的事故数量,我查看了2017年的统计结果(本书撰稿时发布的最新数据是2018年的统计结果,但是由于2018年遭受了严重的台风灾害,比较特殊,所以我用了2017年的结果)。根据统计结果可以看到,这一年全国共发生了12677件"架空线路"事故。其中事故不同占比最多的是自然灾害（47%），其次是外物接触（23%）。外物接触指的是树木、鸟兽、风筝、飞机模型等接触电线，其中鸟兽接触占整体事故原因的 4.5%，数量为 571 件。

外物接触配电设备可能会引起停电，所以我们假设 571 件事故都导致了停电。换算到每个都、道、府、县的话，2017 年，由鸟兽引起的停电平均为 12.1 件。从记录中无法得知其中有多少件是由乌鸦引起的。就算假设全都是由乌鸦引起的，每个都、道、府、县一年中由乌鸦引起的停电事故也只有 12.1 件。

而且乌鸦并不会导致整个都、道、府、县停电，而是大约一个街区的范围短暂停电，实际出现停电好几个小时的范围非常非常小。因为配电系统设计成了就算停电，也要尽可能减小停电范围的结构。

假设乌鸦巢导致某根电线杆停电，那么会导致较大的范围暂时停电。之后，系统会自动检测发生问题的范围，以发生事故的地点为中心，只留下很小的范围，其他地方最快只需要 10 秒钟到 5 分钟就能恢复供电。

清除乌鸦巢的工作

为了避免乌鸦巢导致的停电，电线杆上采取了各种各样的预防措施。比如包裹更牢靠的绝缘层，让鸟儿无法轻易跨过电线和电线杆之间的距离等。

电力公司的工作人员们为了防止乌鸦巢导致的停电，会在乌鸦繁殖期间一一巡视辖区内的电线杆，出现会导致停电的风险时，就会清除有安全隐患的乌鸦巢。

我对清除乌鸦巢的方式很有兴趣，于是询问了北海道电力函馆分公司的工作人员，获得了观摩许可。

清除鸟巢需要使用高空作业车（图 53），我想应该有很多人见过这种高空作业车。车子的机械臂会将工作台升到高空中，有了高空作业车就能轻松靠近高处的鸟巢，剩下的工作看似只需要用手轻松取下鸟巢就好，但事实并非如此简单。

图53 清除乌鸦巢的工作。（a）高空作业车。（b）用绝缘操作杆谨慎地清除乌鸦巢。（c）收集在一起的筑巢材料，一个大纸箱都装不下。（d）用来避免乌鸦再次筑巢的风车。因为靠风力运转，所以无风情况下形同虚设

到达现场后，工作人员会认真从下方观察电线杆上的鸟巢。然后在各种各样的限制下制定计划。在交通流量大的地方，高空作业车能够停靠的位置有限，而且在升高高空作业车机械臂的时候，还不能影响到其他电线和建筑物。

制定好计划后，需要将高空作业车停放在合适的位置，伸出机械臂让工作台靠近鸟巢。这时如果能停止供电的话是最好的，但是停止供电就不得不让周围的住宅停电，所以工作基本上会在通电的情况下进行。因此，工作人员有触电的危险，所以他们要戴上防护头盔、护目镜，穿戴绝缘性好的厚手套和长靴。而且因为不能直接接触筑巢用的树枝，所以要使用像魔术棒一样的绝缘操作杆图 [53（b）]。绝缘操作杆并非清除鸟巢的专用工具，而是电气工程中通用的优秀工具，通过更换杆头，能够具备各种各样的功能。

清除鸟巢的过程中，必须小心避免树枝从鸟巢里取出的时候掉落。如果树枝挂在电力线和通信线上就有可能导致停电或者通信线路中断。要是掉在人行道或者车道上，则会伤到行人和车辆。因为乌鸦巢的结构很精巧，所以必须谨慎清除。有时会出现难以摘除的树枝，也有可能在抽出某根树枝后让整个鸟巢散架（用传统的比喻是掀翻了将棋盘，用现代的比喻则是叠叠乐倒塌）。最后，清除一个鸟巢能收获装满整整一个纸箱的筑巢材料 [图 53（c）]。

如果只是清除鸟巢的话，乌鸦还会在同一个地点再次筑巢。于是清除鸟巢后需要安装防止鸟类筑巢的装置，在我看来就像装了一架风车 [图 53（d）]。这项工作同样必须用绝缘操作杆完成。

现场工作时 3~4 人一组，完成一系列工作需要花费一个半到两个小时左右。不仅要在高处进行，还要穿着不方便行动的服装，使用绝缘操作杆，还有触电的危险，真是令人敬佩的工作。有几家电力公司将清除鸟巢的工作视频上传到了 YouTube 上 [1]，有兴趣的读者可以去看一看。

通过这样的工作能清除多少乌鸦巢呢？据我所知并没有关于这项内容的总结报告。我尝试着在报纸上收集碎片

---

[1]　一例として、https://youtube.com/watch?v=MxV9P223A-U がある.

式的信息，发现香川县一年大约清除了 820 个鸟巢，北海道一年清除了将近 4000 个。据统计，整个日本一年要从配电设备（也就是电线杆）上清除 17.5 万个鸟巢[1]。

1　白井正樹（2017）電気設備学会誌 37：402-403.

防筑巢装置有效吗？

　　在清除鸟巢的工作中，最后会安装"风车"避免鸟儿再次筑巢。各地的防筑巢装置有所不同，有的像尖刺，有的像伞骨（图 54）。旅行时找到当地的防筑巢装置拍照也是我的一大乐趣。

　　那么，这些防筑巢装置的效果有多大呢？或许某个地方有调查结果，不过测定其效果是一件困难的事情。

　　似乎只要准备 200 根电线杆，一半安装防筑巢装置，一半不安装，然后观察乌鸦是否在电线杆上筑巢就好，然而事实并不这么简单。对乌鸦来说，每根电线杆用来筑巢的价值并不一样，有的电线杆结构适合筑巢，有的电线杆不适合筑巢。并且电线杆周围的环境和乌鸦是否在此筑巢也会有关系，比如离捕食地点的距离，是否方便瞭望以便保证鸟巢的安全，等等。再加上还有其他乌鸦的影响，如果附近有其他乌鸦的巢，那么无论是多么合适的物件（电线杆）都无法再筑巢了。

那么在清除过乌鸦巢的电线杆中选择一半安装防筑巢装置，剩下的一半不安装，调查乌鸦是否会在这些电线杆上再次筑巢可以吗？

可是这种方法同样很复杂，乌鸦是否再次筑巢，会受到清除鸟巢时，乌鸦处在繁殖的哪一个阶段的影响。假设是刚刚产卵的乌鸦，就会选择再次筑巢；如果在雏鸟长大后清除鸟巢，或许那一年乌鸦会放弃继续繁殖。另外，要是同一只乌鸦没有选择安装了防筑巢装置的电线杆，而是选择了周围其他的电线杆，该不该把效果归结于放置了筑巢装置呢……考虑到这些，就必须分析所有影响因素，需要数量相当庞大的数据。

另外还有其他问题。假设我们已知某种防筑巢装置具备防止乌鸦筑巢的效果。那么当电线杆上不断安装这种防筑巢装置之后会发生什么呢？当然，乌鸦不会继续在电线杆上筑巢或许是一件值得庆贺的事情。

但防筑巢装置的效果同样有可能从某个阶段开始消失。当同时存在装有防筑巢装置的电线杆和没有装防筑巢装置的电线杆时，乌鸦会选择没有装防筑巢装置的电线杆。但是如果所有适合筑巢的电线杆都装上了防筑巢装置的话，说不定乌鸦会开始以防筑巢装置存在为前提，选择合适的电线杆筑巢。

因为乌鸦是一种聪明的动物，所以它们或许会用某种方法克服防筑巢装置的阻碍。实际上关于刚才展示的防筑巢装置之一——风车，乌鸦——不知道是否是有意为之——就会先衔来树枝阻挡风车转动，再在电线杆上筑巢。

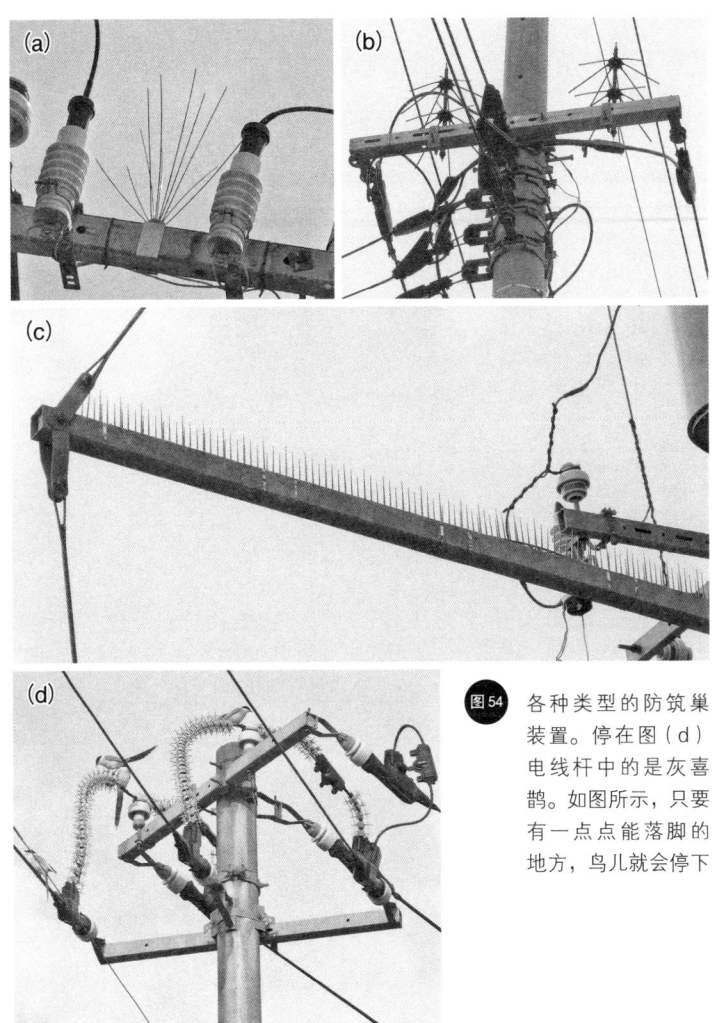

图54　各种类型的防筑巢装置。停在图（d）电线杆中的是灰喜鹊。如图所示，只要有一点点能落脚的地方，鸟儿就会停下

避免做无用功

鸟儿在电线杆上筑巢会带来麻烦，但防筑巢装置的效果或许无法长久。既然如此，还有一种措施是给乌鸦提供能安全筑巢的场所：设置"人工鸟巢"和"人工巢箱"，引导乌鸦在里面筑巢。

供电塔等设备上的人工鸟巢已经被证明有效[1]。乌鸦在供电塔上段筑巢，会带来发生电气事故的危险，不过中段到下段是安全的。于是工作人员会在安全位置安装人工鸟巢，诱导乌鸦在其中筑巢。人烟稀少的耕地里的电线杆上也会采取同样的措施。鹳的待遇更好，人们会为它们安装专门用来筑巢的"人工巢塔"（图 55）。

如果在城市里也推进安装人工鸟巢的措施，那么乌鸦

1　竹内亨·白井正樹（2017）電気学会誌 137：300-303.

不仅能筑巢，还不会引起停电，但实际上这么做起来相当困难。

首先，因为我们不知道乌鸦喜欢哪根电线杆，如果漫无目的地安装人工鸟巢，则需要投入大量成本。另外还要考虑当地居民的投诉，如果乌鸦在电力公司准备好的人工鸟巢里育儿，就有可能破坏当地居民的家庭菜园或翻乱垃圾，当地居民会向电力公司投诉。所以电力公司无法在城市里不断安装人工鸟巢。

最近，日本各地开始采取另一项对策，即如果乌鸦巢不会引起停电，就等到雏鸟离巢后再清除鸟巢。因为如果在此之前提前清除鸟巢，乌鸦也会立刻在其他电线杆上筑巢，只会让乌鸦和人都辛苦。所以这不失为一个好办法。如前文所述，在电线杆上筑巢的几乎都是小嘴乌鸦，所以不用担心它们会攻击从鸟巢下面走过的人。

另外，近年来鹳的数量在减少，所以九州电力公司更加积极地选择了保护的方向。下面引用九州电力公司网站[1]

---

1 http://www.kyuden.co.jp/company_outline_branch_saga_notice_birdsnest.html

上的一篇文章：

"本公司力图与国家天然纪念物——鹳共存，为防止鹳巢造成停电事故而努力。筑巢期会定期巡视，确认是否存在可能引发停电事故的鸟巢。当出现金属衣架、长树枝等筑巢材料与电线接触，可能会导致停电的情况时，工作人员会通过修剪筑巢材料的方式，尽力保留鸟巢。在年年都有鹳筑巢的电线杆上，为了避免鸟巢与电线接触，本公司采取了扩大电线杆和电线之间的空间，在电线上包裹特殊绝缘层等措施。"

图55 鹳专用的巢塔。如果鹳不在电线杆上筑巢，而是在巢塔上筑巢，就不用担心造成停电（Grobler Du Preez©123RF.COM）

体贴或许会带来恶果

作为鸟类研究者，我对电力公司的应对措施只有感谢。所以我犹豫过要不要写下面的内容，但我还是决定写下来，那就是或许人类不该太纵容鸟类。

鸟类会从父母、同一种类的其他个体甚至不同种类的个体身上学习各种各样的本领[1]。如什么东西能吃，如何高效觅食，等等。鸟儿甚至会观察其他鸟巢里的育雏情况，预测今年的觅食情况，改变产卵数量。

因为鸟儿会从周围的鸟身上获得信息，所以当然也会学习在哪里筑巢。我在上一章里提到在近几十年里，鹳在电线杆上筑巢的数量迅速增长，与其说是"每一只鹳自己独自试错的结果"，不如说是"模仿其他个体的结果"。

所以如果电力公司保护鸟儿在电线杆上筑巢的话，以

---

1 Slagsvold T & Wiebe KL(2011)Philos Trans R Soc Lond B BiolSci366c969-977.

前不在电线杆上筑巢的鸟说不定也会觉得"在电线杆上育雏似乎也没问题"。而从电线杆上离巢的鸟长大后或许同样倾向于在电线杆上筑巢。也就是说,电力公司的保护措施或许会助长鸟儿在电线杆上筑巢的风气。

我认为在城市中,人和鸟的距离"不能太近,也不能太远"[1]。"太近"是指很多人随便给鸟儿喂食。"太远"指的是很多人就连看见鸟都觉得烦,于是会赶走它们。我认为应该在会给人类带来麻烦的地方驱赶它们,在不会带来影响的地方允许鸟儿存在。当然,每个人心中的距离感不同,所以很难保持让任何人都感到舒适的距离。

关于鸟儿在电线杆上筑巢的情况,为了保持恰当的距离感,或许应该考虑采取适当清除的措施。另外,我们普通市民也可以协助电力公司,减少乌鸦在电线杆上筑巢的情况。只要用恰当的方式处理乌鸦的食物之一——厨余垃圾,城市中乌鸦的绝对数量就会减少,进而在电线杆上筑巢的乌鸦数量就有望减少。

1　三上修(2015)身近な鳥の生活図鑑. 筑摩書房.

从斗争到共存

除了乌鸦筑巢引起的停电之外，鸟类利用电线杆和电线还会给电力公司和通信公司带来其他危害。

比如很多鸟停在一根电线杆上时，下方的绝缘子上就会堆满粪便，绝缘子表面就会通电，从而导致停电。对于普通民众来说，鸟儿停在家门口的电线上拉屎会带来困扰，于是也会投诉电力公司，让他们或者通信公司想办法解决问题。这种情况下，电力公司或者通信公司就会在电线上安装尖刺，防止鸟儿停留（图56）。

写到这里，似乎电力公司和通信公司是单纯的受害者，但事实并非如此。电线和电力供给系统（也就是需要用电的人类）也会给鸟儿带来麻烦。

如第2章所述，有的鸟儿会巧妙利用电线，但一部分鸟儿确实会在飞行中缠在电线（供电线、配电线、通信线）

图56 为了防止鸟儿停留，电线上安装的尖刺

上受伤死亡。以前，就发生过珍稀物种的鹤和猫头鹰被电线缠住翅膀受伤死亡的情况[1]。另外，山里的供电塔及供电线在施工时和施工后都有可能导致大型猛禽难以生存。

另外，虽然与本书的主题无关，不过建设发电站也会对鸟儿们产生影响。火力发电站和核电站多建在海边，所以会夺走包括鸟类在内的很多生物的栖息地。而且尽管现在太阳能发电、风力发电等可再生能源被不断引入，但这些发电方式是否对环境友好还有待验证。太阳能发电也会夺走生物的栖息地，而风力发电导致鸟儿撞上风车死亡是存在于全世界的问题[2]。

人们试图通过技术开发解决以上问题。比如鸟儿被电线缠住翅膀的问题，在事故多发的地区，电力公司和通信公司会在电线上安装标签和旗子，让电线更加显眼。而风力发电站为了避免鸟类撞击，会把风车做得更加显眼，还开发出了在珍稀鸟类接近时自动停转的功能。

1 早矢仕有子（1999）山階鳥類研究所研究報告 31：45-61.
2 浦達也（2015）Strix31:3-30.

　　综上所述，在鸟类和电力设施之间存在各种各样的问题。但我们人类迄今为止也展现出了各种各样的智慧，在与鸟类斗争的过程中并没有一味退让，而是找到了更好的落脚点。期待人类总有一天能够解决上述提到的问题。

结　语

电线杆鸟类学的

未来

无电线杆化推进中

至今为止，我们看到鸟儿们以各种各样的形式利用着电线杆和电线，来作为落脚或者筑巢的地方，结果与用电的人类产生了摩擦。但人类在每次出现问题时，也能利用智慧想出对策。

从根本上解决问题的计划正在实施中。没错，就是把电线埋入地下，也就是无电线杆化。只要电线杆、电线从地面消失，第 5 章中提到的问题就基本上都能解决。

更严谨地说，"把电线埋入地下"和"无电线杆化（让电线杆从地面消失）"并不是一回事。就算不把电线埋入地下，也能完成无电线杆化。比如让电线缠在建筑上，同样可以消除电线杆。另外，还可以去掉大路上的电线杆和电线，从小路送往各家各户（这种情况下，会在小路上留下电线杆和电线）。可以说把电线埋入地下是无电线杆化的方法之一。

很多发达国家在各不相同的历史背景下，殊途同归地选择了无电线杆化，日本则由于各种各样的原因让电线杆留在了地面上。面对这项事实，有人指责"日本无电线杆化完成比例很低，进展很慢"。我因为喜欢看电线杆和电线，所以反而想称赞"日本的电线杆地上化的完成率是世界第一"，但这样是行不通的。

据说无电线杆化能更好地抵御灾害，道路也会变得宽敞。今后随着无人机配送的发展（是不是真的能实现尚且存疑），或许天上没有电线会比较方便。就算无法立刻获得实际利益，从长远来看，为了完善相关的施工方法、培养人才，可能也必须逐渐推进无电线杆化的进程。

但是我对于无电线杆化的理由之一——"电线杆和电线破坏了城市景观"持保留意见。有电线存在的风景也不错，我看见有人说"如果没有电线杆和电线的话，就能清晰地看见城市对面的富士山"，可我对以电线杆和电线为近景，以富士山为远景的构图同样难以舍弃，甚至可以把电线杆和电线当作构图的主体，让富士山成为借景（多么奢侈！）。而且我还想吐槽一句："要是只想清晰地看到富士山的话，把房子全都拆了才更漂亮。"毕竟，每个人眼中想要看到的风景都不相同，所以无法统一意见。

虽说如此，按照现在的风潮来看，今后应该会向无电线杆化的方向发展。由于我个人喜欢看电线杆和电线，所以会感到一丝寂寞，不过我同样期待看到电线杆和电线逐渐消失的变化过程。但是无论如何，事实是我们将会失去巧妙而历经坎坷的电线杆和电线文化。

那么我们为什么不在日本的某个地方建一座世界第一的电线杆和电线博物馆呢？让电线杆和电线文化也能留芳后世。如果能做到的话，那么世界上少数反对无电线杆化的人们也能被说服了吧。希望到时候一定要记录下封堵横担的多种方法，以及麻雀曾在这里筑巢的事情。或许这本书也会被放进这个博物馆里吧。

未来的世界

随着无电线杆化的发展，城市里的电线杆和电线会逐渐消失，之前利用电线杆和电线的鸟儿们会怎么样呢？

我之前认为只要对比有电线的区域和无电线的区域的情况或许就能找到答案，于是展开了调查，但进展并不顺利。在推进无电线杆化的区域中，能够观察到的鸟类的数量在减少。不过并不能确定鸟类数量的减少是真的因为电线杆和电线的消失，还是从容易被发现的电线上转移到了不容易被发现的屋顶上、大楼楼顶、行道树里。对此，我希望等到未来 GPS 追踪器变得越来越小，能装在鸟儿们身上，实时监测它们停在什么地方时再来调查。

似乎有各种各样的物体能代替电线杆和电线作为鸟类的落脚处，但能够筑巢的地方还是少了很多，尤其是麻雀。在一部分地区，选择电线杆筑巢的麻雀数量比例很高。如果没有电线杆，繁殖后代的麻雀个体数量应该会下降。

　　或许电线杆消失后，鸟儿比人类更能够适应，本来鸟儿在电线杆上筑巢的历史就只有几十年。面对人类的变化，鸟儿们说不定会采取其他的筑巢方式来应对。包括埋入地下在内，电线杆和电线今后会怎样变化？鸟儿们会采取什么样的对策呢？我将在今后继续观察下去。

后 记

　　在上小学或者初中的时候，我在课堂上知道了驱鼠器。在弥生时代[1]的高床式仓库里，为了保护储存在仓库里的谷物，人们会安装驱鼠器。我还记得当时的我觉得弥生时代的人真可爱，会为了老鼠特意下这么大的功夫。后来，当我了解了人类的历史和人类与老鼠斗争的历史之后，那时的感想就彻底消散了……

　　那时的"驱鼠器"和本书介绍的"封堵横担的金属零件"以及安装在斜拉固定线上的"阻隔装置"或者"防攀爬保护器"思路相似。都是为了"保护某件东西不受生物破坏，在结构上花费的心思"。

　　这样一想，人类自古以来一直在花费这样的心思。在

1　弥生时代：公元前 300 年—公元 250 年。

未来的日本史课堂上，或许会将封堵横担的金属零件与驱鼠器归为一类吧。但我同样有些担心，我们（大致）明白高床式仓库里的驱鼠器的正确功能，但封堵横担两端的金属零件的真正作用是否能传达给后世的人类呢？在遥远的未来，当他们在类似于我们眼中的贝壳冢之类的地方发现两端被封堵住的横担时，能准确地理解这是用来"驱赶麻雀"的装置吗？因为不同地区的封堵方式不同，我很担心未来人类会误以为这是某种奇怪的仪式的遗迹。

与其担心这些不一定会发生的未来，很多人为这本书中介绍的研究给予了支持，我必须向他们道谢。

研究的一部分用到了国家提供的研究经费。研究经费归根结底就是税金，所以我要向大家道谢。

另外，感谢森本元、上野裕介、藤冈健人、大山光、清原和辉、齐藤真衣、广部博之、茂木启太等为我的研究提供帮助和思路。感谢北海道电力函馆分公司的工作人员提供信息。感谢正文中介绍的多家野鸟协会的成员为我提供宝贵的数据。感谢我的妻子三上洁，为每一项研究内容和这本书提供了很多建议。还有，2013年起担任岩波书店出版的多本关于麻雀的书籍的编辑辻村希望给了我很多指导和建议，这本书的内容才没有失控。

接下来，正文中也提到了电线杆和电线总有一天会被埋入地下。在更遥远的未来，电话和网络自不用说，或许电力也可以实现无线传输（有被称为无线供电的技术），也是一件有趣的事情。

不过或许是因为我出生在昭和时代吧，电线杆和电线往往会让我产生一股怀旧的感情。电线杆和电线就像原始风景，无论日常生活中发生了快乐的事还是遗憾的事，它们总是在那里站立着。电线杆和电线永远存在于固定的位置上，正是因为它们是无机的物体，才不会发生任何改变，也许是这份不变给了我安心感吧。

甚至有些人的人生因为电线杆和电线而发生了改变。福田定一在战后不久，因为看到了贴在黑市电线杆上的招聘海报而成为了一名报纸记者。后来，他成为了一名伟大的小说家。或许正是电线杆和电线创造了诸如此类的细小的契机。

人类为了方便自身创造出的东西，往往以意料之外的形式改变了其他生物的生活，又反过来改变了人自己的生活方式，这或许就是这个世界的有趣之处吧。

资料来源

- Collias NE & Collias EC (1984) Nest Building and Bird Behavior. Princeton University Press.
- Forman RTT (2014) Urban Ecology:Science of Cities. Cambridge University Press.
- Hansell M (2000) Bird nests and construction behaviour. Cambridge University Press.
- Harebottle DM & Oschadleus HD (2014) Ornithol Obs 5: 304-309.
- Lepczyk CA & Warren PS eds (2012) Urban Brid Ecology and Conservation.University of Califournia Press.
- Mainwaring MC (2015) J Nat Consery25: 17-22.
- Nakahara T et al. (2015) Ornith Sci 14: 99-109.
- 石井竹尾（2017）人間・植物関係学会雑誌 17: 23-27.
- 石井竹尾（2017）人間・植物関係学会雑誌 17: 29-32.
- 唐沢孝一（1990）Urban Birds 7: 78-79.
- 栗原東洋・小林康（1964）電力．現代日本産業発達史．現代日本産業発達史研究会交詢社出版局．
- 黒岩比佐子（2000）伝書鳩—もうひとつのIT．文藝春秋．
- 小池百合子・松原隆一郎（2015）無電柱革命—街の景観が一新，安全性が高まる．PHP研究所．
- 高齢・障害・求職者雇用支援機構職業能力開発総合大学校基盤整備センター編（2013）送配電及び配線設計 改訂3版．雇用問題研究会.

- 越川重治（1989）Urban Birds 6: 48.
- 笹野聡美・他（2015）日鳥学誌 64: 91-94.
- 沢田文夫（1989）Urban Birds 6:48.
- 敷田麻実・他（2020）はじめて学ぶ生物文化多様性. 講談社.
- 清水久男（2019）川瀬巴水作品集増補改訂版. 東京美術.
- 須賀亮行（2020）電柱マニア. オーム社.
- 鈴木悦朗（2005）土木史研究論文集 24: 25-32.
- 須藤翼・他（2017）日鳥学誌 66: 1-9.
- 道路吹雪対策マニュアル改訂検討事務局（2011）道路吹雪対策マニュアル（平成 23 年改訂版）. 独立行政法人土木研究所・寒地土木研究所.
- 中村孔亮・渡辺清（2011）日本ゴム協会誌 84: 165-170.
- 馬場友希（2019）クモの奇妙な世界―その姿・行動・能力のすべて. 家の光協会.
- 林正敏・山路公紀（2014）日鳥学誌 63: 311-16.
- 藤田語郎・他（2013）マンガでわかる発電・送配電. オーム社.
- 松田道生（1995）江戸のバードウォッチング. あすなろ書房.
- 松田道生（2003）大江戸花鳥風月名所めぐり. 平凡社.
- 松田裕之（2001）明治電信電話（テレコム）ものがたり―情報通信社会の《原風景》. 日本経済評論社.
- 三上修（2013）スズメ―つかず・はなれず・二千年. 岩波書店.
- 道上勉（2001）送電・配電 [改訂版] 電気学会.
- 道上勉（2003）送配電工学 [改訂版] 電気学会.
- 安川製作所（2012）THE DENCHU. 自費出版.
- 山口純一・他（2019）送配電の基礎 第 2 版. 森北出版.